U0615734

普通高等教育电气工程与自动化类系列教材
国家精品课程教材、国家精品资源共享课程教材

自动控制原理

（非自动化类）

第 3 版

王万良　王　铮　编著
赵光宙　主审

机 械 工 业 出 版 社

本书为作者主持完成的国家精品课程和国家精品资源共享课程"自动控制原理"建设成果之一，面向机械、电子、计算机、通信、化工、仪器仪表等非自动化类专业学生，针对教学内容过多、学时缩减严重、数学推导复杂、难以联系实际等教与学的困境，从应用角度深入浅出地阐述自动控制的基本方法，注重实用性。全书共 7 章。第 1 章介绍自动控制的基本概念。第 2 章介绍连续系统的数学模型，作为必要的数学基础，简要介绍拉普拉斯变换的基本方法。第 3 章介绍线性连续系统的时域分析方法，包括稳定性、暂态性能和稳态误差等系统性能的分析。第 4 章介绍控制系统的频率法。第 5 章介绍控制系统中广为应用的 PID 控制工程设计方法。第 6 章介绍离散系统的分析方法。第 7 章介绍非线性系统的描述函数法。附录中简要介绍复变函数的基础知识。本书每章最后都简要介绍使用 MATLAB 仿真软件辅助分析控制系统的方法。书后给出习题参考答案。

　　本书可作为电子信息类、仪器类、机械类、计算机类等非自动化类专业的控制工程基础、自动控制原理等课程教材，也可作为应用型大学自动化、电气工程及其自动化等专业的自动控制原理课程教材。作者通过"爱课程"中国大学精品开放课程网（https：//www.icourses.cn/sCourse/course_2618.html）和机械工业出版社教育服务网（http：//www.cmpedu.com），向任课教师免费提供电子教案、教学大纲和习题解答等丰富的教学资源。

图书在版编目（CIP）数据

自动控制原理：非自动化类/王万良，王铮编著 . —3 版 . —北京：机械工业出版社，2023.7（2025.5 重印）

普通高等教育电气工程与自动化类系列教材

ISBN 978-7-111-73227-3

Ⅰ.①自⋯　Ⅱ.①王⋯ ②王⋯　Ⅲ.①自动控制理论-高等学校-教材　Ⅳ.①TP13

中国国家版本馆 CIP 数据核字（2023）第 092087 号

机械工业出版社（北京市百万庄大街 22 号　邮政编码 100037）
策划编辑：王雅新　　　　　　责任编辑：王雅新
责任校对：郑　婕　李宣敏　　责任印制：单爱军
北京虎彩文化传播有限公司印刷
2025 年 5 月第 3 版第 4 次印刷
184mm×260mm · 11.25 印张 · 257 千字
标准书号：ISBN 978-7-111-73227-3
定价：38.00 元

电话服务　　　　　　　　　　网络服务
客服电话：010-88361066　　机 工 官 网：www.cmpbook.com
　　　　　010-88379833　　机 工 官 博：weibo.com/cmp1952
　　　　　010-68326294　　金 书 网：www.golden-book.com
封底无防伪标均为盗版　机工教育服务网：www.cmpedu.com

前　言

　　自动控制是生产过程中的关键技术，也是许多高新技术产品中的核心技术。自动控制理论撇开控制系统的物理结构，从信息的传输与变换角度，用数学的方法研究控制系统的本质。自动控制理论不仅是自动化类专业的主干课程，也是许多非自动化类专业的重要课程。因此，需要根据不同专业、不同层次、不同生源的教学对象来编写《自动控制原理》教材。

　　党的二十大报告中指出：高质量发展是全面建设社会主义现代化国家的首要任务。坚持把发展经济的着力点放在实体经济上，推进新型工业化，加快建设制造强国、质量强国、航天强国、交通强国、网络强国、数字中国。实施产业基础再造工程和重大技术装备攻关工程，支持专精特新企业发展，推动制造业高端化、智能化、绿色化发展。巩固优势产业领先地位，在关系安全发展的领域加快补齐短板，提升战略性资源供应保障能力。推动战略性新兴产业融合集群发展，构建新一代信息技术、人工智能、生物技术、新能源、新材料、高端装备、绿色环保等一批新的增长引擎。构建优质高效的服务业新体系，推动现代服务业同先进制造业、现代农业深度融合。加快发展物联网，建设高效顺畅的流通体系，降低物流成本。加快发展数字经济，促进数字经济和实体经济深度融合，打造具有国际竞争力的数字产业集群。优化基础设施布局、结构、功能和系统集成，构建现代化基础设施体系。

　　本书是作者在主讲"自动控制原理"课程40年教学经验的基础上编写的，也是作者负责的国家精品课程、国家精品资源共享课程"自动控制原理"的建设成果，特别是经过10多年的精心修改以及在许多高校中广泛使用，已经成为非自动化类专业学生学习自动控制理论的优秀教材。

1. 主要内容

　　本书面向机械、电子、计算机、通信、化工、仪器仪表等非自动化类专业学生，从应用角度深入浅出地介绍了自动控制理论的基本内容。全书共7章：第1章介绍自动控制的基本概念。第2章介绍连续系统的数学模型，包括微分方程、传递函数、结构图等数学模型及相互关系。第3章介绍线性连续系统的时域分析方法，包括稳定性、暂态性能和稳态误差等系统性能的分析。第4章介绍控制系统的频率法，着重介绍频率特性的概念，奈奎斯特图和伯德图的画法，奈奎斯特稳定判据的应用方法，相对稳定性分析。第5章介绍控制系统中广为应用的PID控制及其对系统性能的影响，以及PID控制器的工程设计方法。一方面，这种系统校正方法简单实用，为工程中广泛应用的PID控制器参数整定提供理论依据；另一方面，这种方法将自动控制理论中的超前校正、滞后校正、滞后－超前校正等方法与工程中广为应用的PID控制器设计方法联系起来。第6章介绍离散系统的控制理论，包括采样与保持的概念、差分方程与 Z 变换数学基础知识、离散系统的数学模型、稳定性、暂态性能和稳态误差等性能分析方法。第7章主要介绍非线性系统的描述函数法，用描述函数法在奈奎斯特图上分析非线性系统的自激振荡。本书前5章为基本模块，后面2章前后没有依赖关系，可以根据学时数选择教学内容。

2. 编写特色

针对自动控制理论课程教学内容过多、学时缩减严重、数学推导复杂、难以联系实际等教与学的困境，作者根据40年"自动控制原理"课程教学经验精心设计，本书具有如下特色：

（1）内容基本实用，适合少学时教学。自动控制理论是用数学分析设计自动控制系统，系统类型繁杂，分析设计方法众多，而目前"自动控制原理"课程教学普遍缩减了学时数，特别是对非自动化专业更是如此，这是"自动控制理论"课程教学的困境之一。因此，精简教学内容是当前课程改革的主要目标。作者根据本书面向非自动化专业学生的基础以及学时少的情况，梳理教学内容、去粗取精，着重讲清自动控制理论的基本与实用方法，特别是有助于系统设计的内容，删除了一些可以根据基本方法得到或者不是很实用的内容。

（2）给出一条主线，适合学习与讲授。书中为学生学习自动控制理论提供一条学习主线，便于学生沿着这条主线学习，通过教师讲解，能够深入理解书上的教学内容，在此基础上再博览群书深入学习。教师在教学过程中可通过剖析教材中的概念、方法进行发挥，提高教学效果。

（3）增加介绍必要的数学基础。许多专业的教学计划中因为学时有限，没有设置"积分变换"课程，甚至没有设置"复变函数"课程，为了解决这个问题，本书在第2章中简要介绍了拉普拉斯变换的基本方法，在附录中简要介绍了复变函数，方便教师给学生补一下这些数学基础知识。对于已经学过这些数学内容的学生可以跳过这部分内容，或者作为复习知识自学这部分内容。

（4）理论与工程实际结合。"自动控制原理"一方面突出其方法论特征，不仅适合解决工程问题，而且适合解决经济、管理、社会等非工程问题；另一方面要与工程实际相结合。书中精选了例题和习题，有助于对理论的理解。特别是每章设置了工程应用题，以培养学生理论联系实际的能力。因此，教师可以在本书的应用题中，选择符合所教专业的一些工程实例，作为例题讲解，或者作为习题布置给学生。

（5）编排醒目，方便学习。每章设置了导读，使读者在学习该章前就知道为什么要学习该章内容及该章主要介绍哪些内容。每章最后扼要总结该章的重要概念、定理与方法。本书采用双色印刷，将重要的公式和概念、定理、方法用明显的颜色标注，有利于学生掌握，避免学生感觉要记忆的公式太多，阅读时眼花缭乱，抓不住重点。

（6）引导学生使用控制系统 CAD 软件。如果在例题求解中介绍 MATLAB 辅助系统分析，会使学生过分关注具体指标的计算结果，而影响对控制系统分析方法和定性分析结论的关注与理解，所以，本书在每章中都有一节简要实用地介绍 MATLAB 辅助分析与设计控制系统的方法，学生阅读后自己就会使用，教师也可以简单地介绍。过多地介绍 MATLAB 会偏离控制理论的教学主题。实际上，MATLAB 与一般软件一样，学生很容易掌握。由于自动控制理论着重通过系统分析得到系统设计方法，而不是特别关注具体的性能指标计算，所以，本书特别强调 MATLAB 仅仅是数值计算，只能作为辅助分析系统的工具，不能替代自动控制理论成为建立一般自动控制理论的基础。

3. 如何获取课程教学资源

作者负责建设的"自动控制原理"课程被评为国家精品课程和国家精品资源共享课程，具有丰富的教学资源，使用本书作为教材的教师可向编者或机械工业出版社免费获取电子教案、习题详细解答等教学资源。

本书虽然经过多年使用和修改，但仍然会存在缺点和错误，欢迎使用本书的教师和其他读者提出宝贵意见。

作者联系邮箱：wwl@ zjut. edu. cn。

王万良

目 录

第 1 章

绪　　论

自动化技术几乎渗透到国民经济的各个领域及社会生活的各个方面，是当代发展最迅速、应用最广泛、最引人注目的技术之一，是推动新的技术革命和产业革命的关键技术。在某种程度上说，自动化是现代化的同义词。自动控制原理课程主要介绍分析、设计自动控制系统的基本方法。

本章从介绍自动控制的发展历史入手，引出利用自动控制理论分析、设计自动控制系统的基本思路，然后介绍自动控制的基本概念，以及对自动控制系统的基本要求，使读者对自动控制理论的总目标有个基本了解。

1.1　自动控制系统简介

1769 年瓦特（J. Watt）发明的蒸汽机，推动了工业革命的进一步发展。但是，当时的蒸汽机需要人不断地手工调节蒸汽阀门才能保持蒸汽机的速度稳定，蒸汽机的应用受到调速精度的限制。为了解决蒸汽机的速度控制问题，瓦特于 1788 年又将欧洲风力磨坊里的飞球调节器原理，应用于蒸汽机速度控制，构成了世界上公认的第一个自动控制系统，其工作原理如图 1.1 所示。它是一个与蒸汽机轴相连的机械装置，当蒸汽机因负载减轻或者蒸汽温度升高等原因导致蒸汽机转速升高时，飞球调节器的转速也升高，离心力增加，飞球升高，带着套环上升，汽阀联结器关小蒸汽阀门，从而降低蒸汽机速度。反之，当蒸汽机的负载增加或者蒸汽温度下降等原因导致蒸汽机转速降低时，飞球调节器的转速也下降，离心力减小，飞球降低，带着套环下降，汽阀联结器开大蒸汽阀门，从而提高蒸汽机速度。可见，尽管存在负载、蒸汽温度变化等扰动，蒸汽机速度仍然可以稳定在设定值。

飞球调节器的发明进一步推动了蒸汽机的应用，促进了工业生产的发展。但是，有时为了提高调速精度，反而使蒸汽机速度出现大幅度振荡，其他自动控制系统也有类似现象发生。由于当时还没有自动控制理论，所以不能从理论上解释这一现象。为了解决这个问题，不少人对提高飞球调节器的控制精度进行了改进。有人认为系统振荡是因为调节器的制造精度不够，从而努力改进调节器的制造工艺，这种盲目探索持续了大约一个世纪之久。

1868 年，英国的麦克斯韦（J. C. Maxwell）发表的"论调速器"论文，第一次指出不应该单独讨论一个离心锤，必须从整个控制系统出发推导出微分方程，然后讨论微分方程解的稳定性，从而分析实际控制系统是否会出现不稳定现象。麦克斯韦的这篇著名论文被公认为是自动控制理论的开端。

自动控制理论研究的对象是系统。我们在日常生活中就接触到很多系统，如经常提到的电力系统、机器系统、文教系统、卫生系统等。事实上，系统是一个很广泛的概念。一部机器、一个生物体、一条生产线、一个电力网是一个系统，一个企业、一个社会组织也是一个系统。有小系统、大系统，也有把一个国家甚至整个世界作为对象的巨系统。

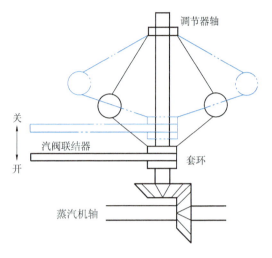

图 1.1　飞球调节器原理图

系统的种类如此繁多，又如此千差万别，但它们有一个共同的特点，就是都具有一定的功能，自身的各部分是互相依赖、互相制约的。例如，一条生产线是为了加工某个产品而设立的，生产线的各个部分存在一定的结构关系和运动关系。我们把系统的这一特征作为"系统"的定义。

由若干相互制约、相互依赖的事物组合而成的具有一定功能的整体称为系统。或者说，为实现规定功能以达到某一给定目标而构成的相互关联的一组元件称为系统。

由人工控制的系统称为手动控制系统。下面通过两个具体的例子，分析手动控制的过程，从而可以看出自动控制系统需要解决的问题。

例 1.1　热力系统。

如图 1.2 所示为一个热力系统。通过调节蒸汽阀门，使流出的热水保持一定的温度。如果由人工控制，就要求控制者观测温度计的指示值，调节阀门的开度。调节方法：如果温度计的指示值高于期望值，则关小阀门，降低热水温度；否则，开大阀门，升高热水温度，从而使流出的热水保持在设定的温度。

例 1.2　直流电动机速度控制系统。

如图 1.3 所示为直流电动机速度控

图 1.2　热力系统

制系统。控制目标是使电动机按要求的转速稳定运行。从图中可见，对应滑动电阻器触点的某一位置，有一给定电压 U_g，经过放大器放大为 U_d，即为电动机电枢电压。在没有任何扰动的情况下，滑动电阻器触点的某一位置，对应电动机的某个转速。

如果负载恒定，电动机及放大器参数也不变化，那么，给定电压 U_g 不变，电动机转速也不会变。但这只是一种理想情况。实际上，电动机负载是经常变化的，电动机、放大器的参数也会发生漂移，因此，即使保持给定电压 U_g 不变，电动机转速也会变化，不能达到控制的目的。如果用人工控制，则可以观测转速表的指示值，通过调整滑动电阻器的触点位置来改变 U_g，从而使电动机转速保持在期望值。例如，当负载增

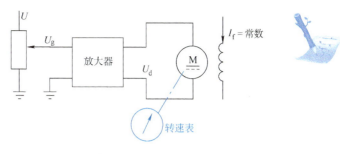

大使速度下降时，控制人员通过调节触点位置来增大 U_g，使 U_d 增大，从而使电动机转速回升。

上述两个系统都是由人工控制的，可以看出，人在控制过程中起三个作用：

1）观测。用眼睛去观测温度计和转速表的指示值。

图 1.3 直流电动机速度控制系统

2）比较与决策。把观测得到的数据与要求的数据相比较，进行判断，根据给定的控制规律给出控制量。

3）执行。根据控制量进行手工调节，如调节阀门开度、改变触点位置。

在自动控制中，则用控制装置代替人来完成上述功能。例如，自动控制热力系统如图 1.4 所示。

温度测量元件测出实际水温，并变换成电压信号，与设定水温的电压信号同时加在放大器输入端，即可比较大小，其差值信号经放大器放大后，驱动执行电动机，从而调节阀门开度。例如，当实际水温偏低时，设定水温与实际水温的偏差是一正值，驱动执行电动机朝开启阀门方向运转，增大蒸汽流量，从而使水温上升。反之，当实际水温偏高时，设定水温与实际水温的偏差是一负值，驱动执行电动机朝关闭阀门方向运转，减小蒸汽流量，从而使水温下降。可见，控制装置能够代替人进行控制。

直流电动机自动调速系统如图 1.5 所示。

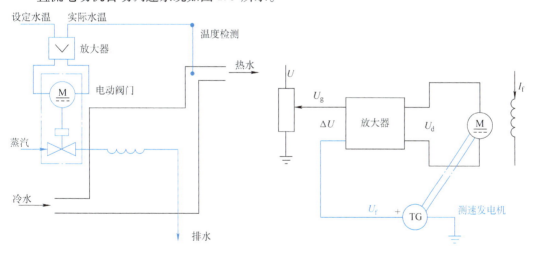

图 1.4 自动控制热力系统　　　图 1.5 直流电动机自动调速系统

测速发电机的输出电压 U_f 与电动机转速成正比，当电动机转速比期望值大时，U_f 大，$\Delta U = U_g - U_f$ 变小，U_d 变小，从而使电动机转速降低；反之，当电动机转速比期望值小时，U_f 小，$\Delta U = U_g - U_f$ 变大，U_d 变大，从而使电动机转速增加。因此，无论负载变化使电动机转速增加还是减小，控制器都能使电动机保持在期望的转速运行。

在上述两个自动控制系统中，没有人参与控制，而是由系统本身进行自动控制来满足要求的。因此，所谓自动控制是在没有人参与的情况下，系统的控制器自动地按

3

照人预定的要求控制设备或过程，使之具有一定的状态和性能。具有自动控制功能的系统称为自动控制系统。

在自动控制系统中，有许多变量或者信号。

1）输入量。从系统外部施加到系统上，与该系统的其他信号无关的信号称为输入信号。输入信号包括参考输入和扰动输入。在控制系统中希望被控信号再现的恒定的或随时间变化的输入信号称为参考输入，简称为输入。而干扰系统被控量达到期望值的输入称为扰动输入，简称为扰动。例如，温度控制系统中的温度设定是参考输入，而蒸汽温度的变化、热水流量的变化等都是干扰热水温度恒定的，所以都是扰动输入。在电动机速度控制系统中，电位器给出的电压是参考输入，而电动机负载的变化、电网电压的波动等都是干扰电动机速度保持恒定的变量，是扰动输入。

在有些系统中，参考输入是随时间变化的。例如，啤酒发酵、家禽孵化过程中，温度设定是时间的函数；而在自动火炮系统中，飞机的飞行轨迹是自动火炮系统的参考输入，是一个事先无法预料的信号。

2）被控量。系统中被控制的量称为被控量。例如，温度控制系统中的温度，电动机速度控制系统中的电动机转速都是被控量。自动控制系统的作用就是使被控量按照期望的规律变化。

3）控制量。控制器的输出称为控制量。例如，温度控制系统中的蒸汽阀门开度，电动机速度控制系统中的电枢电压都是控制量。

4）输出量。控制系统输出的量称为输出量。在控制系统分析与设计中，系统的被控量常作为输出量。实际上，控制系统中需要监控的量都可以作为输出量。例如，系统的误差信号等。

1.2 自动控制系统的类型

自动控制系统根据分类目的的不同，可以用多种不同的方法进行分类。了解控制系统的分类方法，就能在分析和设计系统之前，对系统有一个正确的认识。

下面介绍控制系统常见的几种类型及其性质。

1.2.1 开环、闭环与复合控制系统

控制系统按其结构可分为开环控制系统、闭环控制系统和复合控制系统。

1. 开环控制系统

在图1.3所示的直流电动机速度控制系统中，系统仅受控制量的控制，输出对系统的控制没有作用，这就是开环控制系统的共同特点。根据这一特点，可以给出开环控制系统的定义。

如果控制系统的被控量对系统没有控制作用，这种控制系统称为开环控制系统。开环控制系统的控制原理如图1.6所示。

在开环调速系统中，如果没有任何扰动，电动机将按期望的速度运行，但当出现扰动时，例如，负载的变化、电网电压的变化或者其他参数的变化，这些扰动就会影响电动机的转速，使它偏离期望值。为了使电动机在有扰动的影响下也能自动稳定到

期望值，必须采用闭环控制系统。

2. 闭环控制系统或反馈控制系统

如图 1.5 所示的直流电动机自动
调速系统就是闭环控制系统。此前已
经简单地分析了它的工作原理，可以

图 1.6　开环控制系统

看出，闭环控制系统有自动修正偏差的能力。现在，考察闭环控制系统的特点。容易
看出，这个系统不仅由给定电压进行控制，而且被控量也参与控制。或者说，是用给
定量与被控量的反馈信号的差值来进行控制，这就是闭环控制系统的共同特点，根据
这一特点给出闭环控制系统的定义。

如果系统的被控量直接或间接地参与控制，这种系统称为闭环控制系统或更直接
地称为反馈控制系统。

反馈控制系统的控制原理如图 1.7 所示。

反馈控制系统分为正反馈和负
反馈两种情况，上面说的是负反馈
的情况，这里仍以图 1.5 所示的电
动机自动调速系统为例说明正反馈
的概念。若将测速发电机的正、负
极性反接一下，就成为正反馈系
统。此时，$\Delta U = U_g + U_f$，所以，
当电动机转速升高，U_f 增加，ΔU

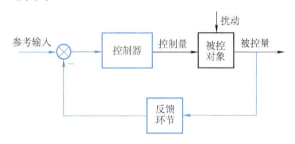

图 1.7　反馈控制系统

增加，则 U_d 增加，电动机转速进一步增加，如此循环，电动机转速越来越高。反之，
若扰动使电动机转速下降，则 U_f 减小，ΔU 减小，U_d 减小，则电动机转速进一步减
小。可见正反馈助长了系统扰动的影响，而负反馈则是抑制扰动的影响。

反馈是十分重要的概念，在自动控制中得到广泛应用。反馈控制系统的研究是本
课程的重要内容。

3. 复合控制系统

开环控制的缺点是精度低，优点是控制稳定，不会产生闭环控制系统中可能出现
的振荡情况。相反，闭环控制（负反馈）的优点是控制精度高，缺点是容易造成系统
不稳定，这一问题早在瓦特发明飞球调节器时就已引起人们的注意。

为了发挥开环控制和闭环控制的优点，克服其缺点，在系统中同时引进开环控制
和闭环控制，这种系统称为复合控制系统。复合控制系统的控制原理如图 1.8 所示。

1.2.2　线性系统与非线性系统

根据分析和设计系统的方法分类，系统可分为线性系统和非线性系统。

如果一个系统具有下列性质，则该系统是线性系统，否则是非线性系统。

1）输入 $x_1(t)$ 产生输出 $y_1(t)$。

2）输入 $x_2(t)$ 产生输出 $y_2(t)$。

3）输入 $c_1 x_1(t) + c_2 x_2(t)$ 产生输出 $c_1 y_1(t) + c_2 y_2(t)$。

其中，$x_1(t)$，$x_2(t)$ 是任意的输入信号；c_1，c_2 是任意的常数。

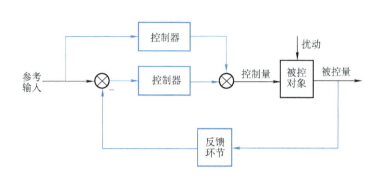

图 1.8　复合控制系统

从上面的定义可以看出，线性系统满足叠加原理；反之，满足叠加原理的系统必定是线性系统。

本课程着重讨论线性系统的分析和设计方法。人们对线性系统已经进行了长期的研究，形成了一套较为完整的分析和设计方法，并且在实践中已经获得了相当广泛的应用。而非线性控制系统很难用数学方法处理，目前尚无解决各种非线性系统的通用方法。

需要指出的是，所有的物理系统在某种程度上都是非线性的，线性系统只是一种理想模型，实际上是不存在的。但很多实际系统的输入输出在一定的范围内基本上是线性的，可以用线性系统（环节）这一理想模型来描述。例如，控制系统中的放大器，在输入信号较小时，输入输出间的关系基本上是线性的，而当输入信号较大时，系统进入饱和状态，或者输出被限幅，此时，输入输出间的关系是非线性的。在大多数情况下，可以通过限制系统的输入信号，使系统部件工作在线性特性的范围内。

1.2.3　连续系统与离散系统

控制系统中存在各种形式的信号。按照时间变量取值的连续性与离散性，将信号分为连续时间信号与离散时间信号，简称连续信号与离散信号。

如果在所讨论的时间间隔内，对于任意时间值（除若干不连续点外），都可以给出确定的值，此信号就称为连续时间信号。例如，正弦波、方波信号等都是连续信号。

离散时间信号在时间上是离散的，只在某些不连续的规定瞬时给出函数值，而在其他时间上没有定义。离散时间信号是数的序列，一般记为 $f(k)$、$y(k)$ 等。$f(k)$ 既可直接产生，如产品的年产量或月产量，也可以是对连续信号 $f(t)$ 进行采样得到的。

根据系统中的信号是连续信号还是离散信号，将系统分为连续时间系统和离散时间系统。若系统中所有信号都是连续信号，称为连续时间系统，简称连续系统。如果系统中有一处或几处的信号是离散信号，称为离散时间系统，简称离散系统。

实际控制工程中，离散系统一般与连续系统连用，例如，图 1.9 所示的计算机控制系统。被控对象的输入信号 $r(t)$、输出信号 $c(t)$ 等均为连续信号，由于计算机处理的是二进制数，其输入信号不能是连续信号，所以，误差信号 $e(t)$ 要经过模－数转换器（A－D）变成计算机能接受的离散数字信号 $e(kT)$。这种将连续信号变为离散信号

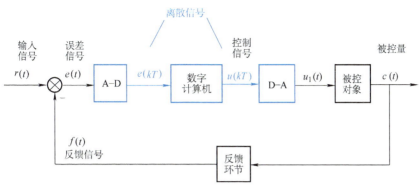

图 1.9　计算机控制系统

的过程称为采样。具有采样过程的离散控制系统通常又称为采样控制系统。在大部分控制理论著作中，并不对离散系统进行严格的区分，而是统称为离散系统。

在离散系统中存在采样、保持、数字处理等过程，具有一些独特的性能。随着计算机的发展，离散系统得到越来越广泛的应用。

1.3　控制系统性能的基本要求

在自动控制理论中，对控制系统性能的基本要求，主要有稳定性、暂态性能和稳态性能几个方面。

1. 稳定性

稳定性是控制系统最基本的性质。所谓稳定性是指控制系统偏离平衡状态后，自动恢复到平衡状态的能力。

当系统受到扰动后，其状态偏离了平衡状态，在随后所有时间内，如果系统的输出响应能够最终回到原先的平衡状态，则系统是稳定的；反之，如果系统的输出响应逐渐增加趋于无穷，或者进入振荡状态，则系统是不稳定的。

2. 暂态性能

对于稳定的系统，虽然理论上能够到达平衡状态，但还要求能够快速到达。在调节过程中，要求系统输出超过给定的稳态值的最大偏差不要太大，要求调节的时间比较短，这些性能称为暂态性能。系统的超调量刻画了系统的振荡程度，反映了系统的相对稳定性。超调量大的系统容易不稳定，所以相对稳定性差，而超调量小的系统相对稳定性好。

3. 稳态性能

当暂态过程结束，系统达到新的稳态时，希望系统的输出就是系统的给定值，但实际上可能存在误差。在控制理论中，系统给定值与系统稳态输出的误差称为稳态误差。系统的稳态误差衡量了系统的稳态性能。由于系统一般工作在稳态，稳态精度直接影响到产品的质量，例如，造纸过程中的纸张厚度控制、啤酒发酵过程中的温度控制等，所以，稳态性能是控制系统最重要的性能指标之一。

系统的暂态性能和稳态性能常常是相互矛盾的。由于控制系统的功能要求不同，所以对系统暂态性能和稳态性能的要求往往有所侧重。例如，对于恒温控制、调速系统等定值调节系统，主要侧重系统的稳态性能，而对于随动系统则侧重于暂态性能，要求能够快速调节，跟上输入量的变化。

上面简单介绍了对控制系统的基本要求，这是本书将要着重分析的几个方面，关于精确的定义和分析方法，将在后面有关章节中详细介绍。

1.4　本章小结

由若干相互制约、相互依赖的事物组合而成的具有一定功能的整体称为系统。或者说，为实现规定功能以达到某一给定目标而构成的相互关联的一组元件称为系统。

所谓自动控制是在没有人参与的情况下，系统的控制器自动地按照人们预定的要求控制设备或过程，使之具有一定的状态和性能。具有自动控制功能的系统称为自动控制系统。

如果控制系统的被控量对系统没有控制作用，这种控制系统称为开环控制系统。

如果系统的被控量直接或间接地参与控制，这种系统称为闭环控制系统或更直接地称为反馈控制系统。反馈是自动控制理论中最重要的概念。

满足叠加原理的系统是线性系统。

若系统中所有信号都是连续信号，则称为连续系统。如果系统中有一处或几处的信号是离散信号，则称为离散系统。

对控制系统性能的要求主要有稳定性、暂态性能和稳态性能等几个方面。这些性能常常是互相矛盾的。

 习　题

1.1　试举几个开环控制系统与闭环控制系统的例子，画出框图，并说明工作原理。

1.2　根据题1.2图所示的电动机速度控制系统工作原理图：

（1）将a，b与c，d用线连接成负反馈系统；

（2）画出系统框图。

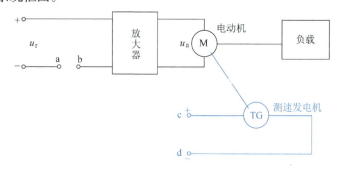

题1.2图

1.3 如题 1.3 图所示为液位自动控制系统原理示意图。在任何情况下，希望液面高度 c 维持不变，说明系统工作原理并画出系统框图。

1.4 电冰箱制冷系统原理如题 1.4 图所示。说明系统工作原理并画出系统框图。

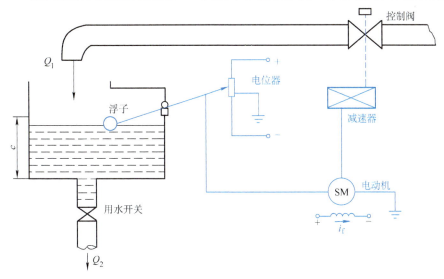

题 1.3 图

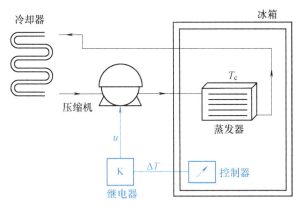

题 1.4 图

读一读

古代自动化

古代反馈控制最有代表性的装置是计时器"水钟"（在中国叫作"刻漏""漏壶"）。据古代锲形文字记载和从埃及古墓出土的实物可以看到，巴比伦和埃及在公元前1500年前就有很长的水钟使用历史了。据《周礼》记载，约在公元前500年，中国军队就用漏壶计时了。约在公元120年，东汉张衡（78—139）发明的"漏水转浑天仪"中，不仅有浮子、漏箭，还有虹吸管和至少一个补偿壶，解决水头降低计时不准问题。最有名的中国水钟"铜壶滴漏"由铜匠杜子盛建造于公元1316年，一直连续使用到1900年。现保存在广州市博物馆中，仍能使用。公元235年，马钧研制出用齿轮传动自动指示方向的指南车，类似按扰动补偿的自动控制系统。

北宋苏颂于1086—1090年在开封建成"水运仪象台"，窥管的视场能够自动跟踪天体的运行。这种仪象台的动力装置中利用了从定水位漏壶中流出的水，并由擒纵器（天关、天锁）加以控制。苏颂把时钟机械和观测用浑仪结合起来，这比西方罗伯特·胡克早6个世纪。

18世纪，随着人们对动力的需求加大，各种动力装置成为人们研究的重点。1750年，安得鲁·米克尔（1719—1811）为风车引入了"扇尾"传动装置，使风车自动地面向风。随后，威廉·丘比特对自动开合的百叶窗式翼板进行改进，使其能自动调整风车的传动速度。这种调节器在1807年取得专利权。18世纪的风车中成功地使用了离心调速器，托马斯·米德（1787年）和斯蒂芬·胡泊（1789年）获得这种装置的专利权。

和风车技术并行，18世纪也是蒸汽机取得突破发展的时期，推动了社会生产的大发展。托马斯·纽可门和约翰·卡利是史学界公认的蒸汽机之父。到18世纪中叶，已有几百台纽可门式蒸汽机在英格兰北部和中部地区、康沃尔和其他国家服务，但由于其工作效率太低，难以推广。1765年俄国波尔祖诺夫（И. И. Ползунов）发明了蒸汽机锅炉的水位自动调节器，俄国认为这是世界上第一个自动调节器。

1788年，英国格拉斯哥大学的仪器修理工瓦特想到在纽可门蒸汽机汽缸外增加冷凝器，1769年他的"在火力机中减少蒸汽和燃料消耗的一种新方法"专利获得批准。1774年瓦特制成新型单向蒸汽机，1781年将往返运动改成旋转运动，1782年改进为双向作用蒸汽机。瓦特给蒸汽机添加了一个"节流"控制器即节流阀，由一个飞球调节器操纵，确保引擎工作时速度大致均匀。这是当时反馈调节器最成功的应用，被公认为是世界上第一个自动控制系统。

中国航天、导弹、自动控制之父——钱学森

钱学森（1911.12.11—2009.10.31），中国载人航天奠基人，中国两弹一星功勋奖章获得者，被誉为中国航天之父、中国导弹之父、中国自动化控制之父。

钱学森

钱学森1929—1934年在国立交通大学机械与动力工程学院学习。1934年6月考取清华大学第七届庚款留美学生。1935—1939年在美国麻省理工学院航空工程系学习，获硕士学位。1936—1939年在美国加州理工学院航空与数学系学习，获博士学位。1945年，任加州理工学院副教授。1947年，任麻省理工学院教授。1949年，任加州理工学院喷气推进中心主任、教授。1950年，准备回国时被美国官员拦住并关进监狱。

1955年钱学森在中国政府帮助下回到中国。1955—1964年任中国科学院力学研究所所长、国防部第五研究院首任院长。1965—1970年任第七机械工业部副部长。1970—1982年任国防科工委科学技术委员会副主任、中国科协副主席。1986—1991年5月任中国科协主席。钱学森是世界著名科学家、空气动力学家、中国科学院及中国工程院院士。

钱学森将控制论推广到工程技术领域，将在工程设计和实验中能够直接应用的关于受控工程系统的理论、概念及方法称为工程控制论，于1954年出版了《工程控制论》英文版，此后被翻译成多种文字（俄文版1956年；德文版1957年；中文版第一版1958年、修订版1981年，第三版2011年），促进了控制论的工程应用。

第2章

连续系统的数学模型

分析、设计控制系统的第一步是建立系统的数学模型。

本章首先介绍控制系统数学模型的概念，然后介绍分析、设计控制系统常用的几种数学模型，包括微分方程、传递函数和结构图。使读者了解机理分析建模的基本方法，着重了解这些数学模型之间的相互关系。

2.1 系统数学模型的概念

所谓数学模型就是根据系统运动过程的物理、化学等规律，描述系统的运动规律、特性和输出与输入关系的数学表达式。

数学模型是对系统运动规律的定量描述，表现为各种形式的数学表达式，因而具有不同的类型。

在控制工程中，主要用微分方程、传递函数和频率特性等数学模型，描述系统输入、输出之间的关系，称为输入输出模型，或称为外部描述模型。状态空间模型描述了系统内部状态和系统输入、输出之间的关系，又称为内部描述模型。

建立系统的数学模型简称为建模。系统建模有两大类方法，或者说有两种不同的途径：一类是机理分析建模方法，称为分析法；另一类是实验建模方法，通常称为系统辨识。

机理分析建模方法是通过对系统内在机理的分析，运用各种物理、化学等定律，推导出描述系统的数学关系式，通常称为机理模型。采用机理分析建模必须了解系统的内部结构，常称为"白箱"建模方法。机理模型展示了系统的内在结构与联系，较好地描述了系统特性。但是，机理分析建模方法具有局限性。当系统内部过程不很清楚时，很难采用机理分析建模方法。当系统结构比较复杂时，机理模型往往也比较复杂，难以满足实时控制的要求。另一方面，机理分析建模总是基于许多简化和假设之上的，所以，机理模型与实际系统之间存在建模误差。

系统辨识是利用系统输入、输出的实验数据或者正常运行数据，构造数学模型的实验建模方法。因为这种建模方法只依赖于系统的输入、输出关系，即使对系统内部机理不了解，也可以建立模型，常称为"黑箱"建模方法。由于系统辨识是基于建模对象的实验数据或者正常运行数据，所以，建模对象必须已经存在，并能够进行实验。而且，辨识得到的模型只反映系统输入、输出的特性，不能反映系统的内在信息，难以描述系统的本质。

最有效的建模方法是将机理分析建模方法与系统辨识方法结合起来。事实上，人们在建模时，对系统不是一点都不了解，只是不能准确地描述系统的定量关系，但了解系统的一些特性，例如，系统的类型、阶次等，因此，系统像一只"灰箱"。实用的建模方法是尽量利用人们对物理系统的认识，由机理分析提出模型结构，然后用实验数据估计出模型参数，这种方法常称为"灰箱"建模方法。

本章介绍机理分析建模方法，着重介绍几种常用的连续系统的数学模型。

2.2　微分方程模型

系统输出量及其各阶导数和系统输入量及其各阶导数之间的关系式，称为系统微分方程描述。

微分方程描述是系统最基本的数学模型，是一种外部描述的动态数学模型，适合于描述线性与非线性系统、定常与时变系统等。

要建立一个控制系统的微分方程，首先要了解整个系统的组成、工作原理，然后根据支配各组成元件或过程的物理、化学等定律，列写出它们的输出量与输入量之间的动态关系式，最后得到微分方程模型。

根据系统的机理分析，列写系统微分方程的一般步骤为

1）确定系统的输入、输出变量。

2）从输入端开始，按照信号的传递顺序，依据各变量所遵循的物理、化学等定律，列写各变量之间的动态方程，一般为微分方程组。

3）消去中间变量，得到输入、输出变量的微分方程。

4）标准化。将与输入有关的各项放在等号右边，与输出有关的各项放在等号左边，并且分别按降幂排列，最后将系数归化为反映系统动态特性的参数，如时间常数等。

由于实际系统的结构一般比较复杂，我们甚至不清楚内部机理，所以，列写实际工程系统的微分方程很困难。下面以一些简单的系统为例，着重介绍系统数学模型的概念和基于系统机理分析建立数学模型的基本方法。

例 2.1　列写如图 2.1 所示 RC 网络的微分方程。给定输入电压 u_r 为系统的输入量，电容上的电压 u_c 为系统的输出量。

解　设回路电流为 i，由电路理论可知，电阻上的电压为

$$u_1 = iR$$

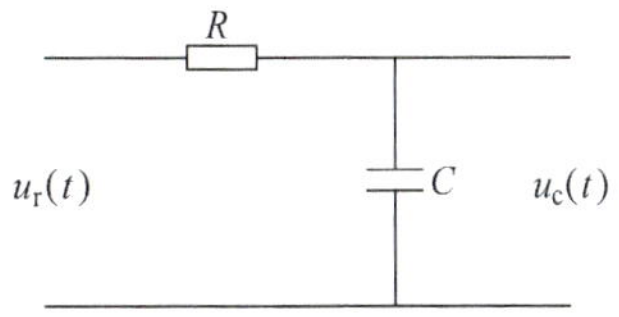

电容上的电压与电流的关系为

$$i = C \frac{\mathrm{d}u_c}{\mathrm{d}t}$$

图 2.1　RC 网络

由基尔霍夫电压定律，列写回路方程式为

$$u_1 + u_c = u_r$$

消去中间变量 u_1、i 得

$$RC \frac{\mathrm{d}u_c}{\mathrm{d}t} + u_c = u_r \tag{2.1}$$

令 $T = RC$ 为电路时间常数，则

$$T\frac{du_c}{dt} + u_c = u_r \tag{2.2}$$

式（2.2）即为图 2.1 所示 RC 网络的微分方程，是一阶常系数线性微分方程。

例 2.2 列写如图 2.2 所示 RC 网络的微分方程。给定输入电压 u_r 为系统的输入量，电容 C_2 上的电压 u_c 为系统的输出量。

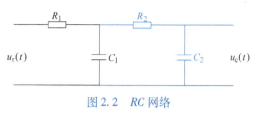

图 2.2 RC 网络

解 设电容 C_1 上的电压为 u_{C_1}，电阻 R_1、R_2 中的电流分别为 i_1、i_2，由基尔霍夫电压定律，列写回路方程为

$$i_1 R_1 + u_{C_1} = u_r \tag{2.3}$$

$$i_2 R_2 + u_c = u_{C_1} \tag{2.4}$$

由基尔霍夫电流定律，电容 C_1 中的电流为 $(i_1 - i_2)$，电容 C_2 中的电流为 i_2，所以

$$i_1 - i_2 = C_1 \frac{du_{C_1}}{dt} \tag{2.5}$$

$$i_2 = C_2 \frac{du_c}{dt} \tag{2.6}$$

消去中间变量 u_{C_1}、i_1、i_2。将式（2.6）代入式（2.5）得

$$i_1 = C_1 \frac{du_{C_1}}{dt} + C_2 \frac{du_c}{dt} \tag{2.7}$$

将式（2.6）、式（2.7）代入式（2.3）、式（2.4）得

$$R_1 C_1 \frac{du_{C_1}}{dt} + R_1 C_2 \frac{du_c}{dt} + u_{C_1} = u_r \tag{2.8}$$

$$R_2 C_2 \frac{du_c}{dt} + u_c = u_{C_1} \tag{2.9}$$

将式（2.9）代入式（2.8）得

$$R_1 C_1 R_2 C_2 \frac{d^2 u_c}{dt^2} + R_1 C_1 \frac{du_c}{dt} + R_1 C_2 \frac{du_c}{dt} + R_2 C_2 \frac{du_c}{dt} + u_c = u_r$$

$$R_1 C_1 R_2 C_2 \frac{d^2 u_c}{dt^2} + (R_1 C_1 + R_1 C_2 + R_2 C_2) \frac{du_c}{dt} + u_c = u_r \tag{2.10}$$

标准化得

$$T_1 T_2 \frac{d^2 u_c}{dt^2} + (T_1 + T_{12} + T_2) \frac{du_c}{dt} + u_c = u_r \tag{2.11}$$

式中，$T_1 = R_1 C_1$，$T_2 = R_2 C_2$，$T_{12} = R_1 C_2$ 为电路的时间常数。式（2.11）即为图 2.2 所示 RC 网络的微分方程描述，是二阶常系数线性微分方程。

注意，如图 2.2 所示，RC 网络虽然是两个如图 2.1 所示 RC 网络的串联，但应该注意到前面一个 RC 网络不是开路，后面一个 RC 网络是前面一个 RC 网络的负载，式（2.11）中的 $T_{12}\frac{du_c}{dt}$ 这一项就反映了这一负载效应。

例 2.3　建立如图 2.3 所示运算放大器电路的微分方程。给定输入电压 u_r 为系统的输入量，运算放大器的输出电压 u_c 为系统的输出量。

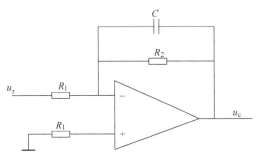

图 2.3　运算放大器电路

解　由于流进运算放大器的电流很小，可以忽略不计，认为等于 0。因此，在电阻 R_1 上的电压为 u_r，在电阻 R_2 和电容 C 上的电压为 u_c，由基尔霍夫电流定律得

$$\frac{u_r}{R_1} + C\frac{\mathrm{d}u_c}{\mathrm{d}t} + \frac{u_c}{R_2} = 0$$

整理得

$$R_2C\frac{\mathrm{d}u_c}{\mathrm{d}t} + u_c = -\frac{R_2}{R_1}u_r \tag{2.12}$$

记时间常数 $T = R_2C$ 和放大系数 $K = \dfrac{R_2}{R_1}$，则系统的微分方程为

$$T\frac{\mathrm{d}u_c}{\mathrm{d}t} + u_c = -Ku_r \tag{2.13}$$

例 2.4　列写如图 2.4 所示他励直流电动机速度控制系统的微分方程。系统输入为电枢电压 $u_a(t)$，输出为电动机的角速度 $\omega(t)$，电动机的负载转矩 M_L 为扰动输入。

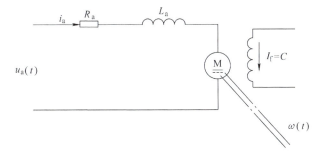

图 2.4　他励直流电动机速度控制系统

解　根据电机理论，有下列关系

$$i_aR_a + L_a\frac{\mathrm{d}i_a}{\mathrm{d}t} + E_M = u_a \tag{2.14}$$

$$E_M = K_e\omega \tag{2.15}$$

$$M = C_Mi_a \tag{2.16}$$

$$J\frac{\mathrm{d}\omega}{\mathrm{d}t} + M_L = M \tag{2.17}$$

消除中间变量 M、i_a、E_M。

由式（2.16）和式（2.17）得

$$i_a = \frac{J}{C_M}\frac{\mathrm{d}\omega}{\mathrm{d}t} + \frac{1}{C_M}M_L \tag{2.18}$$

15

将式（2.15）和式（2.18）代入式（2.14）得

$$\frac{R_a J}{C_M}\frac{\mathrm{d}\omega}{\mathrm{d}t} + \frac{R_a}{C_M}M_L + \frac{L_a J}{C_M}\frac{\mathrm{d}^2\omega}{\mathrm{d}t^2} + \frac{L_a}{C_M}\frac{\mathrm{d}M_L}{\mathrm{d}t} + K_e\omega = u_a$$

整理得系统的微分方程为

$$\frac{L_a J}{K_e C_M}\frac{\mathrm{d}^2\omega}{\mathrm{d}t^2} + \frac{R_a J}{K_e C_M}\frac{\mathrm{d}\omega}{\mathrm{d}t} + \omega = \frac{1}{K_e}u_a - \frac{L_a}{K_e C_M}\frac{\mathrm{d}M_L}{\mathrm{d}t} - \frac{R_a}{K_e C_M}M_L$$

$$(2.19)$$

例 2.5 建立如图 2.5 所示弹簧—阻尼器系统的微分方程。系统输入为外力 $F(t)$，输出为质量模块的位移 $y(t)$。

解 物体受到的力为外力 $F(t)$、弹簧拉力 $F_K(t)$ 和阻尼器阻力 $F_f(t)$ 的合力，根据牛顿定律得

$$M\frac{\mathrm{d}^2 y}{\mathrm{d}t^2} = F - F_K - F_f \qquad (2.20)$$

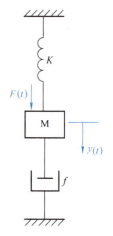

图 2.5 弹簧—阻尼器系统

设弹簧和阻尼器是线性的，根据胡克定律等物理定律得

$$F_K(t) = Ky(t) \qquad (2.21)$$

$$F_f(t) = f\frac{\mathrm{d}y(t)}{\mathrm{d}t} \qquad (2.22)$$

式中，M 为物体的质量；K 为弹簧的弹性模量；f 为阻尼器的阻尼系数。将式（2.21）和式（2.22）代入式（2.20），并整理得

$$M\frac{\mathrm{d}^2 y}{\mathrm{d}t^2} + f\frac{\mathrm{d}y(t)}{\mathrm{d}t} + Ky(t) = F \qquad (2.23)$$

例 2.6 如图 2.6 所示流体过程，流入流量为 Q_i，流出流量为 Q_o，它们受相应的阀门控制。建立该过程输出量 H 与输入量 Q_i 之间的微分方程式。

解 设流体是不可压缩的，根据质量守恒定律，可得

$$\frac{\mathrm{d}H}{\mathrm{d}t} = \frac{1}{S}(Q_i - Q_o) \quad (2.24)$$

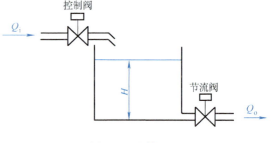

图 2.6 流体过程

式中，S 为液罐截面积，H 为液面高度。由流量公式可得

$$Q_o = \alpha\sqrt{H} \qquad (2.25)$$

式中，α 为节流阀的流量系数，当液位高度变化不大时，可近似认为只与节流阀的开度有关。设节流阀的开度保持一定，则 α 为一常数。

消去中间变量 Q_o，得该流体过程的微分方程为

$$\frac{\mathrm{d}H}{\mathrm{d}t} + \frac{\alpha}{S}\sqrt{H} = \frac{1}{S}Q_i \qquad (2.26)$$

由于该流体过程具有非线性特性，所以系统的数学模型式（2.26）是非线性微分方程。

从上面几个典型系统的数学模型可以看出，很多系统虽然具有不同的物理特性，

但却有相同形式的数学模型。例如，例 2.5 所示弹簧—阻尼器系统和例 2.2 所示 RC 网络，都可以用二阶线性微分方程描述。可见，数学模型描述了不同类型系统共同的内在特性，为一般系统分析与设计方法奠定了基础。

系统的微分方程描述了系统的特性，因此，微分方程的类型与系统的特性有关。一般的连续时间系统都可以用微分方程描述，线性系统可以用线性微分方程描述，而非线性系统则要用非线性微分方程描述。

描述非线性系统的微分方程一般可表示为

$$F(y^{(n)}, y^{(n-1)}, \cdots, \dot{y}, y, u^{(m)}, u^{(m-1)}, \cdots, \dot{u}, u) = 0 \tag{2.27}$$

例如 $\dfrac{\mathrm{d}y(t)}{\mathrm{d}t} + a\sqrt{y(t)} = ku(t)$ 为非线性系统。

一般 n 阶线性系统的微分方程可以表达为

$$a_n y^{(n)} + a_{n-1} y^{(n-1)} + \cdots + a_1 \dot{y} + a_0 y = b_m u^{(m)} + \cdots + b_1 \dot{u} + b_0 u \tag{2.28}$$

如果系统是线性时变系统，则式（2.28）中的系数 a_i、b_i 中至少有一个是时间的函数。如果系统是线性时不变系统，或者称为线性定常系统，则式（2.28）中的系数 a_i、b_i 都与时间无关。例如

$$\frac{\mathrm{d}^3 y(t)}{\mathrm{d}t^3} + 3\frac{\mathrm{d}^2 y(t)}{\mathrm{d}t^2} + 6\frac{\mathrm{d}y(t)}{\mathrm{d}t} + 8y(t) = u(t) \text{ 为线性定常系统；}$$

$$t\frac{\mathrm{d}y(t)}{\mathrm{d}t} + y(t) = u(t) + 3\frac{\mathrm{d}u(t)}{\mathrm{d}t} \text{ 为线性时变系统。}$$

2.3　拉普拉斯变换基础

拉普拉斯变换是一种积分变换，可将时域中的微分方程变换成复域中的代数方程。利用拉普拉斯变换求解微分方程时，初始条件将包含在微分方程的拉普拉斯变换式中，使求解大为简化。

在控制工程中，使用拉普拉斯变换的目的不仅是为了求解微分方程，更主要的是直接分析系统的特性。基于拉普拉斯变换和傅里叶变换可以引进传递函数、频率特性等重要的数学模型，可以不必求解微分方程，利用它们直接分析、设计系统。

本节简要介绍拉普拉斯变换的基本方法，作为学习后面内容的基础。对于已经学习过"积分变换"课程的读者可以跳过本节内容。对于没有学习过"复变函数"课程的读者，可以在学习下面的内容之前，先阅读本书的附录。

2.3.1　拉普拉斯变换

1. 拉普拉斯变换的定义

设函数 $f(t)$ 当 $t \geq 0$ 时有定义，而且积分

$$\int_0^{+\infty} f(t)\mathrm{e}^{-st}\mathrm{d}t$$

在复参量 s 的某一域内收敛，由此积分所确定的函数可写为

$$F(s) = \int_0^{+\infty} f(t)\mathrm{e}^{-st}\mathrm{d}t \tag{2.29}$$

称式（2.29）为函数 $f(t)$ 的拉普拉斯变换式，记为 $F(s) = \mathscr{L}[f(t)]$，$F(s)$ 称为 $f(t)$

的拉普拉斯变换。$f(t)$ 称为原函数，$F(s)$ 称为象函数。

在拉普拉斯变换定义式中，积分的下限是指 0^-。因为当 $f(t)$ 在原点包含有脉冲函数或其导数时，$f(t)$ 在 $t=0$ 是无定义的，为了确保脉冲函数或其导数包含在积分限内，定义式中积分下限约定为 0^-，而不再声明。

实际工程中遇到的函数 $f(t)$ 一般都能使广义积分式 (2.29) 收敛，所以这里不讨论拉普拉斯变换的存在定理。

2. 几种常用函数的拉普拉斯变换

（1）单位脉冲函数

单位脉冲函数又称 δ 函数，是一个脉冲面积为 1，在 $t=0$ 时出现无穷跳变的特殊函数，数学表达式为

$$\delta(t) = \begin{cases} 0 & t \neq 0 \\ \infty & t = 0 \end{cases} \quad 且 \quad \int_{-\infty}^{+\infty} \delta(t)\,\mathrm{d}t = 1 \tag{2.30}$$

根据拉普拉斯变换的定义，有

$$\mathscr{L}\left[\delta(t)\right] = \int_{0^-}^{+\infty} \delta(t)\,\mathrm{e}^{-st}\,\mathrm{d}t = \int_{0^-}^{0^+} \delta(t)\,\mathrm{e}^{-st}\,\mathrm{d}t = \int_{0^-}^{0^+} \delta(t)\,\mathrm{d}t = 1$$

单位脉冲函数的拉普拉斯变换为

$$\mathscr{L}\left[\delta(t)\right] = 1 \tag{2.31}$$

（2）单位阶跃函数

单位阶跃函数的数学表达式为

$$1(t) = \begin{cases} 0 & t < 0 \\ 1 & t \geqslant 0 \end{cases} \tag{2.32}$$

根据拉普拉斯变换的定义，有

$$\mathscr{L}\left[1(t)\right] = \int_{0}^{+\infty} \mathrm{e}^{-st}\,\mathrm{d}t = -\left.\frac{\mathrm{e}^{-st}}{s}\right|_{0}^{+\infty} = \frac{1}{s}$$

单位阶跃函数的拉普拉斯变换为

$$\mathscr{L}\left[1(t)\right] = \frac{1}{s} \tag{2.33}$$

（3）单位斜坡函数

单位斜坡函数的数学表达式为

$$t \cdot 1(t) = \begin{cases} 0 & t < 0 \\ t & t \geqslant 0 \end{cases} \tag{2.34}$$

根据拉普拉斯变换的定义，有

$$\mathscr{L}\left[t \cdot 1(t)\right] = \int_{0}^{+\infty} t\mathrm{e}^{-st}\,\mathrm{d}t = \int_{0}^{\infty} -\frac{t}{s}\mathrm{d}\mathrm{e}^{-st} = -\left.\frac{t}{s}\mathrm{e}^{-st}\right|_{0}^{+\infty} + \int_{0}^{+\infty} \frac{1}{s}\mathrm{e}^{-st}\,\mathrm{d}t = \frac{1}{s^2}$$

单位斜坡函数的拉普拉斯变换为

$$\mathscr{L}\left[t \cdot 1(t)\right] = \frac{1}{s^2} \tag{2.35}$$

（4）指数函数

指数函数的数学表达式为

$$f(t) = \begin{cases} 0 & t < 0 \\ e^{-\alpha t} & t \geq 0 \end{cases} \tag{2.36}$$

式中，α 为常数。

根据拉普拉斯变换的定义，有

$$\mathcal{L}[f(t)] = \mathcal{L}[e^{-\alpha t}] = \int_0^{+\infty} e^{-\alpha t} e^{-st} dt = \int_0^{+\infty} e^{-(s+\alpha)t} dt$$

$$= -\frac{1}{s+\alpha} e^{-(s+\alpha)t} \Big|_0^{+\infty} = \frac{1}{s+\alpha}$$

指数函数的拉普拉斯变换为

$$\mathcal{L}[f(t)] = \mathcal{L}[e^{-\alpha t}] = \frac{1}{s+\alpha} \tag{2.37}$$

（5）正弦函数

正弦函数的数学表达式为

$$f(t) = \begin{cases} 0 & t < 0 \\ \sin\omega t & t \geq 0 \end{cases} \tag{2.38}$$

式中，ω 为常数。

根据欧拉公式

$$\sin\omega t = \frac{1}{2j}(e^{j\omega t} - e^{-j\omega t})$$

有

$$\mathcal{L}[\sin\omega t] = \int_0^{+\infty} \sin\omega t e^{-st} dt = \frac{1}{2j} \int_0^{+\infty} (e^{j\omega t} - e^{-j\omega t}) e^{-st} dt$$

$$= \frac{1}{2j} \Big[\int_0^{+\infty} e^{-(s-j\omega)t} dt - \int_0^{+\infty} e^{-(s+j\omega)t} dt \Big] = \frac{1}{2j} \Big[-\frac{1}{s-j\omega} e^{-(s-j\omega)t} \Big|_0^{+\infty} + \frac{1}{s+j\omega} e^{-(s+j\omega)t} \Big|_0^{+\infty} \Big]$$

$$= \frac{1}{2j} \Big[\frac{1}{s-j\omega} - \frac{1}{s+j\omega} \Big]$$

$$= \frac{\omega}{s^2 + \omega^2}$$

正弦函数的拉普拉斯变换为

$$\mathcal{L}[f(t)] = \mathcal{L}[\sin\omega t] = \frac{\omega}{s^2 + \omega^2} \tag{2.39}$$

2.3.2　拉普拉斯变换的基本性质

下面介绍拉普拉斯变换的几个基本性质。为方便起见，假定在这些性质中，凡是要求拉普拉斯变换的函数都存在拉普拉斯变换。并设 $\mathcal{L}[f(t)] = F(s)$，$\mathcal{L}[f_1(t)] = F_1(s)$，$\mathcal{L}[f_2(t)] = F_2(s)$，则有下列性质：

（1）线性性质

$$\mathcal{L}[\alpha f_1(t) + \beta f_2(t)] = \alpha\mathcal{L}[f_1(t)] + \beta\mathcal{L}[f_2(t)] = \alpha F_1(s) + \beta F_2(s) \tag{2.40}$$

式中，α、β 是常数。这个性质表明函数线性组合的拉普拉斯变换等于各函数拉普拉斯变换的线性组合。

（2）**微分性质**

对于非零初始条件，有

$$\mathscr{L}\left[\frac{\mathrm{d}f(t)}{\mathrm{d}t}\right] = sF(s) - f(0) \tag{2.41}$$

式中，$f(0)$ 为原函数 $f(t)$ 在 $t=0$ 处的值。

对于 $f(t)$ 的 n 阶导数的拉普拉斯变换有

$$\mathscr{L}\left[f^{(n)}(t)\right] = s^n F(s) - s^{n-1}f(0) - s^{n-2}f^{(1)}(0) - \cdots - f^{(n-1)}(0) \tag{2.42}$$

式中，$f(0), f^{(1)}(0), f^{(2)}(0), \cdots, f^{(n-1)}(0)$ 分别为原函数 $f(t)$ 及其各阶导数在 $t=0$ 处的值。

对于零初始条件，即原函数 $f(t)$ 及其各阶导数的初始值均为零。例如，从静态（平衡状态）开始的运动，则微分性质可表达为

$$\mathscr{L}\left[f^{(n)}(t)\right] = s^n F(s) \tag{2.43}$$

即原函数 $f(t)$ 的 n 阶导数的拉普拉斯变换，等于其象函数 $F(s)$ 乘以 s 的 n 次方。

（3）**延迟性质**

设 $t<0$ 时 $f(t)=0$，则对于任一非负实数 τ，有

$$\mathscr{L}\left[f(t-\tau)\right] = \mathrm{e}^{-s\tau}F(s) \tag{2.44}$$

（4）**复位移定理**

$$\mathscr{L}\left[\mathrm{e}^{at}f(t)\right] = F(s-a) \tag{2.45}$$

（5）**初值定理**

设 $\lim\limits_{s\to\infty}sF(s)$ 存在，则

$$f(0) = \lim_{t\to 0}f(t) = \lim_{s\to\infty}sF(s) \tag{2.46}$$

（6）**终值定理**

设 $sF(s)$ 的所有极点全部在 [S] 平面的左半部，即在 [S] 平面的右半部和虚轴上没有极点，则

$$f(\infty) = \lim_{t\to\infty}f(t) = \lim_{s\to 0}sF(s) \tag{2.47}$$

证明：因为 $sF(s)$ 在 [S] 平面的右半部和虚轴上没有极点，所以，$sF(s)$ 在 [S] 平面的右半部和虚轴上连续，而

$$\mathscr{L}\left[f'(t)\right] = sF(s) - f(0)$$

对上式两边取极限，令 s 从包含虚轴的右半平面趋于 0

$$\lim_{s\to 0}\mathscr{L}\left[f'(t)\right] = \lim_{s\to 0}sF(s) - f(0)$$

由于 $sF(s)$ 连续到边界（虚轴），所以 $\lim\limits_{s\to 0}sF(s)$ 存在，从而 $\lim\limits_{s\to 0}\mathscr{L}\left[f'(t)\right]$ 存在，由拉普拉斯变换的定义，有

$$\mathscr{L}\left[f'(t)\right] = \int_0^{+\infty}f'(t)\mathrm{e}^{-st}\mathrm{d}t$$

取极限，得

$$\lim_{s\to 0}\mathscr{L}\left[f'(t)\right] = \lim_{s\to 0}\int_0^{+\infty}f'(t)\mathrm{e}^{-st}\mathrm{d}t = \int_0^{+\infty}\lim_{s\to 0}f'(t)\mathrm{e}^{-st}\mathrm{d}t$$

$$= \int_0^{+\infty} f'(t)\,\mathrm{d}t = f(\infty) - f(0)$$

即

$$f(\infty) - f(0) = \lim_{s \to 0} sF(s) - f(0)$$

$$f(\infty) = \lim_{s \to 0} sF(s)$$

（证毕）

在很多情况下，只需要确定函数 $f(t)$ 的终值 $f(\infty)$。这时，只要用终值定理求 $\lim_{s \to 0} sF(s)$ 就可以了。终值定理是系统稳态分析的重要工具，在控制理论中具有很重要的地位。注意，在运用终值定理之前，必须确定满足终值定理的所有条件。

2.3.3　拉普拉斯反变换

在运用拉普拉斯变换方法解决问题时，会碰到将象函数 $X(s)$ 变换成原函数 $x(t)$ 的问题。这种变换称为拉普拉斯反变换，记为 $\mathscr{L}^{-1}[X(s)] = x(t)$，其中，$\mathscr{L}^{-1}$ 是拉普拉斯反变换算符。

在数学上，可通过积分运算求拉普拉斯反变换，但很复杂。实用的方法是查拉普拉斯变换表。如果要变换的函数不能直接在拉普拉斯变换表中查得，则可以利用部分分式等进行适当变换，然后再查表求拉普拉斯反变换。

部分分式法是将 $X(s)$ 展开成部分分式，使 $X(s)$ 成为若干分式函数之和，而每一分式是在拉普拉斯变换表中能查到的 s 的简单函数，这些简单函数的原函数之和就是 $X(s)$ 的原函数。

例 2.7　求 $X(s) = \dfrac{s+2}{s^2+4s+3}$ 的拉普拉斯反变换。

解　将其展开成部分分式得

$$X(s) = \frac{s+2}{(s+1)(s+3)} = \frac{A_1}{s+1} + \frac{A_2}{s+3}$$

$$A_1 = (s+1)\frac{s+2}{(s+1)(s+3)}\Big|_{s=-1} = \frac{1}{2}$$

$$A_2 = (s+3)\frac{s+2}{(s+1)(s+3)}\Big|_{s=-3} = \frac{1}{2}$$

所以

$$X(s) = \frac{1/2}{s+1} + \frac{1/2}{s+3}$$

对上式进行拉普拉斯反变换得

$$x(t) = \mathscr{L}^{-1}[X(s)] = \mathscr{L}^{-1}\left[\frac{1/2}{s+1} + \frac{1/2}{s+3}\right]$$

$$= \frac{1}{2}\mathscr{L}^{-1}\left[\frac{1}{s+1}\right] + \frac{1}{2}\mathscr{L}^{-1}\left[\frac{1}{s+3}\right]$$

容易从拉普拉斯变换表中查得或由记忆得 $\mathscr{L}^{-1}\left[\dfrac{1}{s+1}\right]$、$\mathscr{L}^{-1}\left[\dfrac{1}{s+3}\right]$ 的拉普拉斯变换分别为 e^{-t}、e^{-3t}，求得原函数 $x(t)$ 为

$$x(t) = \frac{1}{2}e^{-t} + \frac{1}{2}e^{-3t}$$

例2.8 求 $X(s) = \dfrac{s+3}{s^2+2s+2}$ 的拉普拉斯反变换。

解 将其展开成部分分式得

$$X(s) = \frac{s+3}{(s+1-j)(s+1+j)} = \frac{A_1}{s+1-j} + \frac{A_2}{s+1+j}$$

$$A_1 = (s+1-j)\frac{s+3}{(s+1-j)(s+1+j)}\Bigg|_{s=-1+j} = \frac{2+j}{2j}$$

$$A_2 = (s+1+j)\frac{s+3}{(s+1-j)(s+1+j)}\Bigg|_{s=-1-j} = -\frac{2-j}{2j}$$

所以

$$X(s) = \frac{2+j}{2j}\,\frac{1}{s+1-j} - \frac{2-j}{2j}\,\frac{1}{s+1+j}$$

对上式进行拉普拉斯反变换，求得原函数为

$$x(t) = \mathscr{L}^{-1}[X(s)] = \frac{2+j}{2j}e^{(-1+j)t} - \frac{2-j}{2j}e^{(-1-j)t}$$

$$= e^{-t}\left[\frac{e^{jt}+e^{-jt}}{2} + \frac{e^{jt}-e^{-jt}}{2j}\right]$$

$$= e^{-t}(\cos t + 2\sin t)$$

本题也可以应用复域中的位移定理求原函数，将 $X(s)$ 稍加变形得

$$X(s) = \frac{s+3}{s^2+2s+2} = \frac{s+3}{(s+1)^2+1}$$

$$= \frac{s+1}{(s+1)^2+1} + 2\frac{1}{(s+1)^2+1}$$

对照拉普拉斯变换表，得

$$x(t) = \mathscr{L}^{-1}[X(s)] = e^{-t}\cos t + 2e^{-t}\sin t = e^{-t}(\cos t + 2\sin t)$$

2.3.4 微分方程的拉普拉斯变换解法

利用拉普拉斯变换求解微分方程的步骤：

1）对微分方程进行拉普拉斯变换，得到以 s 为变量的代数方程，方程中的初值应取系统在 $t=0^-$ 时的值。

2）求出系统输出变量的表达式。

3）对输出变量的表达式进行拉普拉斯反变换，即可得微分方程的全解。

例2.9 已知系统的微分方程为

$$\frac{d^2y(t)}{dt^2} + 3\frac{dy(t)}{dt} + 2y(t) = r(t)$$

式中，$y(t)$ 为系统的输出量；$r(t)$ 为系统的输入量。$r(t)=1(t)$，$y(0)=0$，$\dot{y}(0)=0$，求微分方程的解 $y(t)$。

解（1）由式（2.43），对微分方程进行拉普拉斯变换得

$$s^2 Y(s) + 3sY(s) + 2Y(s) = \frac{1}{s}$$

$$(s^2 + 3s + 2)Y(s) = \frac{1}{s}$$

（2）由上式求出系统输出量的表达式

$$Y(s) = \frac{1}{s^2 + 3s + 2}\frac{1}{s}$$

（3）对 $Y(s)$ 进行拉普拉斯反变换，求出 $y(t)$。

将 $Y(s)$ 展开成部分分式。当 $Y(s)$ 的极点均为单极点时，即

$$Y(s) = \frac{N(s)}{\prod\limits_{i=1}^{n}(s - p_i)}$$

部分分式为

$$Y(s) = \sum\limits_{i=1}^{n}\frac{A_i}{s - p_i}$$

其中

$$A_i = \left.\frac{(s - p_i)N(s)}{\prod\limits_{i=1}^{n}(s - p_i)}\right|_{s = p_i}$$

在本例中

$$Y(s) = \frac{1}{s(s+2)(s+1)} = \frac{A_1}{s} + \frac{A_2}{s+2} + \frac{A_3}{s+1}$$

$$A_1 = \left.s\frac{1}{s(s+2)(s+1)}\right|_{s=0} = \frac{1}{2}$$

$$A_2 = \left.(s+2)\frac{1}{s(s+2)(s+1)}\right|_{s=-2} = \frac{1}{2}$$

$$A_3 = \left.(s+1)\frac{1}{s(s+2)(s+1)}\right|_{s=-1} = -1$$

则

$$Y(s) = \frac{1}{2s} + \frac{1}{2(s+2)} - \frac{1}{s+1}$$

对上式拉普拉斯反变换，得到系统微分方程的解为

$$y(t) = \frac{1}{2} + \frac{1}{2}e^{-2t} - e^{-t}$$

此即为系统输出量 $y(t)$ 的动态方程。

例 2.10　已知系统的微分方程为

$$\frac{d^2 y(t)}{dt^2} + 5\frac{dy(t)}{dt} + 6y(t) = 2 \cdot 1(t)$$

并设 $r(t) = 1(t)$，$y(0) = 1$，$\dot{y}(0) = 2$，求微分方程的解 $y(t)$。

解　（1）由式（2.41），对微分方程进行拉普拉斯变换得

$$[s^2 Y(s) - sy(0) - \dot{y}(0)] + [5sY(s) - 5y(0)] + 6Y(s) = \frac{2}{s}$$

代入初值，得

$$(s^2 + 5s + 6)Y(s) = \frac{2}{s} + s + 7$$

（2）求出输出量的表达式为

$$Y(s) = \frac{s^2 + 7s + 2}{s(s^2 + 5s + 6)} = \frac{s^2 + 7s + 2}{s(s + 2)(s + 3)}$$

（3）对 $Y(s)$ 进行拉普拉斯反变换，求出 $y(t)$

$$Y(s) = \frac{s^2 + 7s + 2}{s(s + 2)(s + 3)} = \frac{A_1}{s} + \frac{A_2}{s + 2} + \frac{A_3}{s + 3}$$

$$A_1 = \frac{s^2 + 7s + 2}{(s + 2)(s + 3)}\bigg|_{s = 0} = \frac{1}{3}$$

$$A_2 = \frac{s^2 + 7s + 2}{s(s + 3)}\bigg|_{s = -2} = 4$$

$$A_3 = \frac{s^2 + 7s + 2}{s(s + 2)}\bigg|_{s = -3} = -\frac{10}{3}$$

得

$$Y(s) = \frac{1}{3s} + \frac{4}{s + 2} - \frac{10}{3(s + 3)}$$

对上式进行拉普拉斯反变换，得出系统微分方程的解

$$y(t) = \frac{1}{3} + 4e^{-2t} - \frac{10}{3}e^{-3t}$$

2.4　传递函数

　　微分方程是控制系统的一种最基本的数学模型，不仅能够描述线性系统，而且能够描述非线性系统；不仅能够描述定常系统，而且能够描述时变系统。1942 年，H. Harris 引入传递函数描述，对于线性定常系统的分析和设计具有很多优点。传递函数是经典控制理论中一种最重要的数学模型。

2.4.1　传递函数与脉冲响应函数的定义

　　传递函数是在用拉普拉斯变换方法求解线性常系数微分方程过程中引出的一种外部描述数学模型。设描述线性定常系统的微分方程为

$$a_n y^{(n)} + a_{n-1} y^{(n-1)} + \cdots + a_1 \dot{y} + a_0 y = b_m u^{(m)} + \cdots + b_1 \dot{u} + b_0 u \qquad (2.48)$$

　　根据线性微分方程理论，微分方程式（2.48）的解满足叠加原理，即系统的输出为零初始条件下输入作用的系统输出和零输入条件下初始状态作用的系统输出之和。实际上，这两部分输出具有相同的模态。由零初始条件下输入作用的系统输出特性也反映了零输入条件下初始状态作用的系统输出的特性。因为控制理论着重分析系统的结构、参数与系统的动态性能之间的关系，所以，为简化分析，可以设系统的初始条件为零。在零初始条件下，对式（2.48）取拉普拉斯变换得

$$\frac{Y(s)}{U(s)} = \frac{b_m s^m + b_{m-1} s^{m-1} + \cdots + b_1 s + b_0}{a_n s^n + a_{n-1} s^{n-1} + \cdots + a_1 s + a_0}$$

24

记

$$G(s) = \frac{Y(s)}{U(s)} = \frac{b_m s^m + b_{m-1} s^{m-1} + \cdots + b_1 s + b_0}{a_n s^n + a_{n-1} s^{n-1} + \cdots + a_1 s + a_0} \qquad (2.49)$$

$G(s)$ 反映了系统输出与输入之间的关系，描述了系统的特性，通常称为线性定常系统（环节）的传递函数。

定义 2-1　在零初始条件下，线性定常系统（环节）输出的拉普拉斯变换与输入的拉普拉斯变换之比，称为该系统（环节）的传递函数，记为 $G(s)$。

显然，在零初始条件下，若线性定常系统输入的拉普拉斯变换为 $U(s)$，则系统输出的拉普拉斯变换为

$$Y(s) = G(s)U(s) \qquad (2.50)$$

系统的输出为

$$y(t) = \mathscr{L}^{-1}[Y(s)] = \mathscr{L}^{-1}[G(s)U(s)] \qquad (2.51)$$

下面考察单位脉冲输入信号下系统的输出。

由于单位脉冲输入信号的拉普拉斯变换为 $U(s) = \mathscr{L}[\delta(t)] = 1$，所以，单位脉冲输入信号作用下系统输出的拉普拉斯变换为

$$Y(s) = G(s)$$

记单位脉冲输入信号下系统的输出为 $g(t)$，则

$$g(t) = \mathscr{L}^{-1}[Y(s)] = \mathscr{L}^{-1}[G(s)] \qquad (2.52)$$

可见，系统传递函数的拉普拉斯反变换即为单位脉冲输入信号作用下系统的输出。因此，系统的单位脉冲输入信号下系统的输出完全描述了系统动态特性，所以也是系统的数学模型，通常称为脉冲响应函数。

定义 2-2　在零初始条件下，线性定常系统在单位脉冲输入信号作用下的输出响应，称为该系统的脉冲响应函数，记为 $g(t)$。

比较式（2.48）和式（2.49）可见，微分方程与传递函数存在简单的对应关系，得到了系统的微分方程即可直接写出系统的传递函数，反之亦然。

例如，例 2.1 所示 RC 网络的微分方程为

$$T \frac{\mathrm{d}u_c}{\mathrm{d}t} + u_c = u_r$$

所以，该系统的传递函数为

$$G(s) = \frac{U_c(s)}{U_r(s)} = \frac{1}{Ts + 1}$$

例 2.2 所示 RC 网络的微分方程为

$$T_1 T_2 \frac{\mathrm{d}^2 u_c}{\mathrm{d}t^2} + (T_1 + T_{12} + T_2) \frac{\mathrm{d}u_c}{\mathrm{d}t} + u_c = u_r$$

该系统的传递函数为

$$G(s) = \frac{U_c(s)}{U_r(s)} = \frac{1}{T_1 T_2 s^2 + (T_1 + T_{12} + T_2)s + 1}$$

2.4.2　传递函数的表达式

传递函数一般是复变函数，可以表达为各种形式。下面介绍几种常用的表达式。

1. 有理分式形式

传递函数最常用的形式是下列有理分式形式

$$G(s) = \frac{b_m s^m + b_{m-1} s^{m-1} + \cdots + b_1 s + b_0}{a_n s^n + a_{n-1} s^{n-1} + \cdots + a_1 s + a_0} = \frac{N(s)}{D(s)} \tag{2.53}$$

传递函数的分母多项式 $D(s)$ 称为系统的特征多项式，$D(s) = 0$ 称为系统的特征方程，$D(s) = 0$ 的根称为系统的特征根或极点。分母多项式 $D(s)$ 的阶次 n 定义为系统的阶次。对于实际的物理系统，多项式 $D(s)$、$N(s)$ 的所有系数为实数，且分母多项式 $D(s)$ 的阶次 n 高于或等于分子多项式 $N(s)$ 的阶次 m，即 $n \geqslant m$。

例如，传递函数

$$G(s) = \frac{2s^2 - 2s - 4}{s^3 + 5s^2 + 8s + 6}$$

为有理分式形式。

2. 零极点形式

将传递函数的分子、分母多项式变为首一多项式，然后在复数范围内因式分解，得

$$G(s) = \frac{k \prod\limits_{i=1}^{m} (s - z_i)}{\prod\limits_{i=1}^{n} (s - p_i)} \tag{2.54}$$

式中，$z_i (i = 1, 2, \cdots, m)$ 为系统的零点；$p_i (i = 1, 2, \cdots, n)$ 为系统的极点；k 为系统的根轨迹放大系数。

系统零点、极点的分布决定了系统的特性，可以画出传递函数的零极点图，直接分析系统特性。在零极点图上，用"×"表示极点位置，用"○"表示零点位置。

例如，传递函数

$$G(s) = \frac{2s^2 - 2s - 4}{s^3 + 5s^2 + 8s + 6}$$

的零极点形式为

$$G(s) = \frac{2(s + 1)(s - 2)}{(s + 3)(s + 1 + j)(s + 1 - j)}$$

零极点图如图 2.7 所示。

3. 时间常数形式

将传递函数的分子、分母多项式变为尾一多项式，然后在实数范围内因式分解，得

$$G(s) = \frac{K \prod\limits_{i=1}^{m_1} (\tau_i s \pm 1) \prod\limits_{k=1}^{m_2} (\tau_k^2 s^2 \pm 2\zeta_k \tau_k s + 1)}{s^\nu \prod\limits_{j=1}^{n_1} (T_j s \pm 1) \prod\limits_{l=1}^{n_2} (T_l^2 s^2 \pm 2\zeta_l T_l s + 1)} \tag{2.55}$$

图 2.7 零极点图

式中，K 为传递系数，通常称为系统的放大系数；τ，T 为系统的时间常数；ν 为积分环节数；ζ 为阻尼比。

例如，传递函数

$$G(s) = \frac{2s^2 - 2s - 4}{s^3 + 5s^2 + 8s + 6}$$

的时间常数形式为

$$G(s) = \frac{\frac{2}{3}(s+1)\left(\frac{1}{2}s-1\right)}{\left(\frac{1}{3}s+1\right)\left[\left(\frac{1}{\sqrt{2}}\right)^2 s^2 + 2\frac{1}{\sqrt{2}}\frac{1}{\sqrt{2}}s + 1\right]}$$

2.4.3　线性系统的基本环节

实际的控制系统是各式各样的，即使只限于各种线性连续系统，要逐一加以研究也是不可能的。自动控制理论采用的方法是研究系统的数学模型。这样，不仅避开了各种实际系统的物理背景，容易揭示控制系统的共性，而且使研究的工作量大为减少。因为许多不同性质的物理系统常常有相同的数学模型。但要逐一研究数学模型的各种可能形式是不可能的。

现在的问题是能否找出组成系统数学模型的基本环节，任何系统的数学模型总能由这些基本环节中的一部分组合而成。如果能找到，就可以研究为数不多的基本环节以及一些重要的组合系统。当弄清了基本环节的特性后，对任何系统就容易分析特性了。

由式（2.55）可见，整个传递函数可以写成一些简单传递函数的乘积，表明整个系统可以认为是由这些环节组成的，这些因子称为基本环节，或者称为典型环节。下面根据这些基本环节的特性命名。

放大环节（比例环节）：K

积分环节：$\dfrac{1}{s}$

微分环节：s

惯性环节：$\dfrac{1}{Ts+1}$

振荡环节：$\dfrac{1}{T^2 s^2 + 2\zeta Ts + 1}$

一阶微分环节：$\tau s + 1$

二阶微分环节：$\tau^2 s^2 + 2\zeta \tau s + 1$

不稳定惯性环节：$\dfrac{1}{Ts-1}$

不稳定振荡环节：$\dfrac{1}{T^2 s^2 - 2\zeta Ts + 1}$

不稳定一阶微分环节：$\tau s - 1$

不稳定二阶微分环节：$\tau^2 s^2 - 2\zeta \tau s + 1$

滞后环节（纯时滞环节）：$e^{-\tau s}$

不稳定惯性环节、不稳定振荡环节确实是不稳定的，因为它们在形式上与惯性环节、振荡环节相似，所以称为不稳定惯性环节和不稳定振荡环节。但不稳定一阶微分环节、不稳定二阶微分环节只是为了与一阶微分环节、二阶微分环节区别，才称为不稳定一阶微分环节和不稳定二阶微分环节，实际上它们是稳定的。

上述分类是从数学角度划分，主要是为了简化控制系统的分析与设计。

实际系统大多数都有延时效应，即在输入作用一段时间 τ 后，系统输出才有响应，在时间 τ 内输入虽然发生了变化，但系统输出量并不相应变化，这种现象称为纯滞后现象，输出量的变化落后于输入量变化的时间 τ 称为纯滞后时间。若延时很短，可忽略不计，但许多系统尤其是在过程控制中，延时往往很长，分析系统时必须考虑延时效应，还有滞后环节。

引进系统的基本环节的概念，可以引进结构图等各种能表示系统结构的数学模型，对控制系统作更详细的描述。

2.5 结构图

2.5.1 结构图的基本组成

前面介绍的微分方程、传递函数等数学模型，都是用纯数学表达式描述系统特性，不能反映系统中各元器件对整个系统性能的影响，而系统原理图、系统框图虽然反映了系统的物理结构，但又缺少系统中各变量间的定量关系。本书介绍的结构图（或称为方框图、方块图），既能描述系统中各变量间的定量关系，又能明显地表示系统各部件对系统性能的影响。

结构图包含四个基本单元，如图 2.8 所示。

1）信号线。带有箭头的直线，箭头表示信号传递方向，直线上面或者旁边标注所传递信号的时间函数或象函数，如图 2.8a 所示。

2）引出点（测量点）。引出或者测量信号的位置。从同一信号线上引出的信号完全相同，如图 2.8b 所示。这里的信号引出与测量信号一样，不影响原信号，所以也称为测量点。

3）比较点（综合点）。对两个或者两个以上的信号进行代数运算，如图 2.8c 所示，" + "表示相加，" – "表示相减，" + "可以省略不写。比较点可以有多个输入信号，但一般只画一个输出信号，如图 2.8d 所示。若需要几个输出，通常加引出点，如图 2.8e所示。

4）方框。表示对输入信号进行的数学变换。对于线性定常系统或元件，通常在方框中写入传递函数或者频率特性。系统输出的象函数等于输入的象函数乘以方框中的传递函数或者频率特性，如图 2.8f 所示。

2.5.2 结构图的变换法则

为了便于系统分析和设计，常常需要对系统的结构图作等效变换，或者通过变换使系统结构图简化，求取系统的总传递函数。因此，结构图变换是控制理论的基本内容。

$$u(t) \longrightarrow \qquad U(s) \longrightarrow$$

a)

$$u(t) \quad u(t) \longrightarrow \qquad U(s) \quad U(s) \longrightarrow$$
$$\downarrow u(t) \qquad \qquad \downarrow U(s)$$

b)

$$u(t) \longrightarrow \otimes \longrightarrow u(t) \pm c(t) \qquad U(s) \longrightarrow \otimes \longrightarrow U(s) \pm C(s)$$
$$\pm \uparrow c(t) \qquad \qquad \pm \uparrow C(s)$$

c)

$$u(t) \pm \quad \pm u(t) \pm c(t) \pm y(t) \qquad U(s) \pm \quad \pm U(s) \pm C(s) \pm Y(s)$$
$$\otimes \longrightarrow \qquad \qquad \otimes \longrightarrow$$
$$\pm \uparrow c(t) \qquad \qquad \pm \uparrow C(s)$$

d)

$$u(t) \longrightarrow \otimes \longrightarrow u(t) \pm c(t) \qquad U(s) \longrightarrow \otimes \longrightarrow U(s) \pm C(s)$$
$$\pm \uparrow c(t) \quad u(t) \pm c(t) \qquad \pm \uparrow C(s) \quad U(s) \pm C(s)$$

e)

$$U(s) \longrightarrow \boxed{G(s)} \longrightarrow C(s) = G(s)U(s)$$

f)

图 2.8　结构图基本单元

表 2.1 列出了常用的变换法则。这些法则很容易从它代表的数学表达式来证明。例如，并联等效变换法则，由原结构图可以得到

$$C_1(s) = G_1(s)R(s)$$
$$C_2(s) = G_2(s)R(s)$$
$$C(s) = C_1(s) \pm C_2(s) = G_1(s)R(s) \pm G_2(s)R(s) = [G_1(s) \pm G_2(s)]R(s)$$

等效结构图方块中的传递函数 $G(s)$ 为

$$G(s) = G_1(s) \pm G_2(s)$$

表 2.1　结构图简化（等效变换）规则

序号	原结构图	等效结构图	等效法则
1	$R \to \boxed{G_1(s)} \to \boxed{G_2(s)} \to C$	$R \to \boxed{G_1(s)G_2(s)} \to C$	串联等效 $C(s) = G_1(s)G_2(s)R(s)$
2	$R \to \boxed{G_1(s)} \to \otimes \to C$ （$\pm$） $\boxed{G_2(s)}$	$R \to \boxed{G_1(s) \pm G_2(s)} \to C$	并联等效 $C(s) = [G_1(s) \pm G_2(s)]R(s)$

（续）

序号	原结构图	等效结构图	等效法则
3			反馈等效 $$C(s) = \dfrac{G_1(s)R(s)}{1 \mp G_1(s)G_2(s)}$$
4			等效单位反馈 $$\dfrac{C(s)}{R(s)} = \dfrac{1}{G_2(s)} \dfrac{G_1(s)G_2(s)}{1 + G_1(s)G_2(s)}$$
5			比较点前移 $$C(s) = R(s)G(s) \pm Y(s)$$ $$= \left[R(s) \pm \dfrac{Y(s)}{G(s)} \right]G(s)$$
6			比较点后移 $$C(s) = \left[R(s) \pm Y(s) \right]G(s)$$ $$= R(s)G(s) \pm Y(s)G(s)$$
7			引出点前移 $$C(s) = R(s)G(s)$$
8			引出点后移 $$R(s) = R(s)G(s)\dfrac{1}{G(s)}$$ $$C(s) = R(s)G(s)$$

（续）

序号	原结构图	等效结构图	等效法则
9			交换和合并比较点 $C(s) = R_1(s) \pm R_2(s) \pm R_3(s)$
10			负号在支路上移动 $E(s) = R(s) - H(s)C(s)$ $= R(s) + H(s) \times (-1)C(s)$

2.5.3　结构图的简化

结构图变换与简化是控制理论中的基本问题。简化结构图最常用的方法是采用结构图变换法则，将结构图变换为只有一个方框，从而得到系统的总传递函数。下面首先介绍利用结构图变换法则简化系统结构图，求取系统的总传递函数。

例 2.11　简化如图 2.9a 所示系统的结构图。

解　简化步骤为：

（1）合并图 2.9a 中的串联和并联方框，变换为图 2.9b。

（2）消除图 2.9b 中的内部反馈回路，变换为图 2.9c。

（3）合并图 2.9c 中的前向通道中的串联方框，变换为图 2.9d。

（4）消除图 2.9d 中的反馈回路，整个结构图变为一个方框，如图 2.9e 所示。

系统的传递函数为

$$\Phi(s) = \frac{C(s)}{R(s)} = \frac{G_1(s)G_2(s)\left[G_3(s) + G_4(s)\right]}{1 - G_1(s)G_2(s)H_2(s) + G_1(s)G_2(s)\left[G_3(s) + G_4(s)\right]H_1(s)}$$

简化结构图一般可以反复采用合并串联和并联方框、消除反馈回路，然后移动引出点和综合点，出现新的串联和并联方框、反馈回路，再合并串联和并联方框、消除反馈回路，不断重复上述步骤，最后简化为一个方框。但很多情况下上述步骤不是最佳方法，可以采用更简单的方法。例如，在例 2.12 中，移动所有引出点和综合点以后，将所有反馈回路合并，然后消除反馈回路，使整个结构图变为一个方框。

例 2.12　简化如图 2.10a 所示系统的结构图。

解　具体简化过程如图 2.10b ~ d 所示。

结构图是线性代数方程组的图形表示，简化结构图本质是求解线性代数方程组。最直接的方法是根据结构图写出线性代数方程组，然后用代数方法消除中间变量。这种方法对简化环节少、信号传递复杂的结构图很有效。但当系统中有很多环节时，必然有很多中间变量，求解线性代数方程组很麻烦。

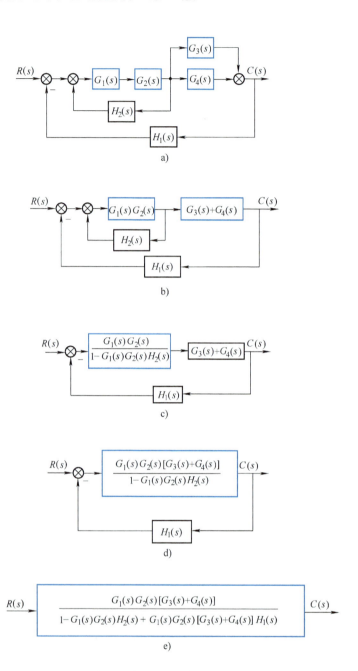

图 2.9　例 2.11 系统结构图简化

2.5.4　反馈控制系统的传递函数

自动控制系统在工作过程中受到参考输入和扰动输入这两类输入的作用，参考输入通常作用在控制装置的输入端，而干扰输入一般作用在受控对象上，但也可能出现在其他元器件上，甚至在输入信号中。反馈控制系统一般如图 2.11 所示。图中，当 $G_2(s) = 1$，则表示存在测量干扰；当 $G_1(s) = 1$，则表示干扰输入在输入信号中；一般 $G_1(s)$ 为

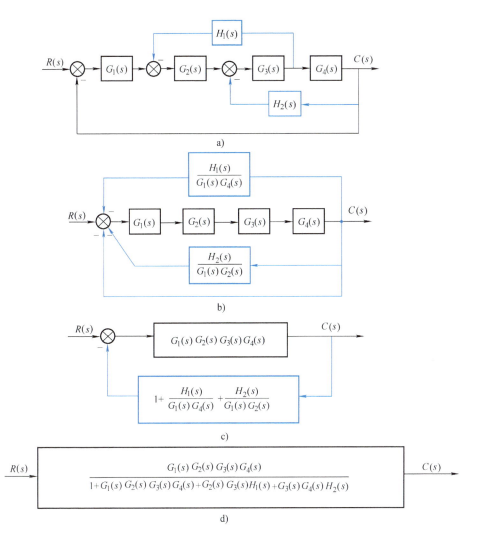

图 2.10　例 2.12 系统结构图简化

控制器，$G_2(s)$ 为受控对象。

从输入端沿信号传递方向到输出端的通道称为前
向通道，前向通道传递函数为 $G_1(s)G_2(s)$。从输出端
沿信号传递方向到输入端的通道称为反馈通道，反
馈通道传递函数为 $H(s)$。

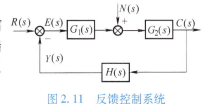

图 2.11　反馈控制系统

当主反馈通道断开时，反馈信号对于参考输入
信号的传递函数称为开环传递函数。由图 2.11 知，闭环系统的开环传递函数为

$$W(s) = G_1(s)G_2(s)H(s) \tag{2.56}$$

可见，开环传递函数为前向通道传递函数 $G_1(s)G_2(s)$ 与反馈通道传递函数 $H(s)$ 的
乘积。

闭环系统的输出信号对于参考输入信号的传递函数称为闭环传递函数。

为了求取系统闭环传递函数，令 $n(t)=0$，即 $N(s)=0$，则系统结构图变为如
图 2.12 所示。

由结构图简化规则，系统的闭环传递函数为

$$\Phi(s) = \frac{C(s)}{R(s)} = \frac{G_1(s)G_2(s)}{1 + G_1(s)G_2(s)H(s)} \tag{2.57}$$

可见，系统的闭环传递函数的分子是前向通道传递函数，分母是开环传递函数与 1 之和。$1 + G_1(s)G_2(s)H(s) = 0$ 就是系统的闭环特征方程。

为了求取扰动作用下的闭环传递函数，令 $r(t) = 0$，即 $R(s) = 0$，则结构图变为如图 2.13 所示。由结构图简化规则，系统在扰动作用下的闭环传递函数为

$$\Phi_n(s) = \frac{C(s)}{N(s)} = \frac{G_2(s)}{1 + G_1(s)G_2(s)H(s)} \tag{2.58}$$

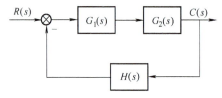

图 2.12　参考输入作用下的结构图

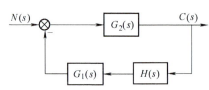

图 2.13　扰动作用下的结构图

可见，系统在扰动作用下的闭环传递函数的分子是从扰动作用点到输出端之间的传递函数，分母仍然是开环传递函数与 1 之和。从上式可见，扰动作用点不同，对系统的影响也不同。

根据传递函数的定义，在零初始条件下，系统在输入和扰动单独作用下的输出信号分别为

$$C_r(s) = \Phi(s)R(s) = \frac{G_1(s)G_2(s)}{1 + G_1(s)G_2(s)H(s)}R(s) \tag{2.59}$$

$$C_n(s) = \Phi_n(s)N(s) = \frac{G_2(s)}{1 + G_1(s)G_2(s)H(s)}N(s) \tag{2.60}$$

因为系统是线性的，满足叠加原理，所以，在输入和扰动共同作用下，系统的输出为

$$C(s) = C_r(s) + C_n(s) = \Phi(s)R(s) + \Phi_n(s)N(s)$$
$$= \frac{G_1(s)G_2(s)}{1 + G_1(s)G_2(s)H(s)}R(s) + \frac{G_2(s)}{1 + G_1(s)G_2(s)H(s)}N(s) \tag{2.61}$$

在后面介绍的系统分析中将会看到，图 2.11 中的 $E(s)$ 是分析系统稳态性能的一个重要变量，称为误差信号。以误差信号 $E(s)$ 为输出量的传递函数称为误差传递函数。

为了求取系统参考输入下的误差传递函数，令 $n(t) = 0$，即 $N(s) = 0$，则系统结构图变为如图 2.14 所示。

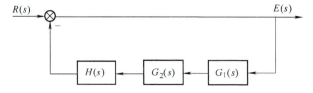

图 2.14　参考输入作用下的误差传递函数

由系统的结构图可以得到输入作用下的误差传递函数为

$$\Phi_e(s) = \frac{E(s)}{R(s)} = \frac{1}{1 + G_1(s)G_2(s)H(s)} \qquad (2.62)$$

为了求取扰动作用下的误差传递函数，令 $r(t) = 0$，即 $R(s) = 0$，则结构图变为如图 2.15 所示。

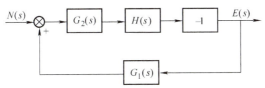

图 2.15　扰动输入作用下的误差传递函数

由系统的结构图可以得到扰动作用下的误差传递函数为

$$\Phi_{en}(s) = \frac{E(s)}{N(s)} = \frac{-G_2(s)H(s)}{1 + G_1(s)G_2(s)H(s)} \qquad (2.63)$$

所以，系统在参考输入和扰动输入作用下的误差信号为

$$E(s) = \frac{1}{1 + G_1(s)G_2(s)H(s)}R(s) + \frac{-G_2(s)H(s)}{1 + G_1(s)G_2(s)H(s)}N(s) \qquad (2.64)$$

2.6　控制系统数学模型的 MATLAB 表示

MATLAB 是由美国 Math Works 公司开发的大型数学软件包，在自动控制、图像及信号处理等许多领域得到广泛应用。MATLAB 的安装、启动等与一般软件相同。启动 MATLAB 后进入一个标准的 Windows 命令窗口。在 MATLAB 命令窗口里，用户可以直接输入命令程序，单击菜单栏或者工具栏的按钮，可以进行计算，其结果也在命令窗口中显示。

在命令窗口修改程序不方便。程序较长时，可以打开一个新窗口，在新窗口里编写和修改程序。然后为这个程序命名，并保存在同一子目录下。此后，在命令窗口键入程序名并回车，就执行该程序。

Simulink 是可以用于连续、离散以及混合的线性、非线性控制系统建模、仿真和分析的软件包，并为用户提供了用方框图进行建模的图形接口，很适合用于控制系统的仿真。

需要特别指出的是：虽然随着计算机的发展，很多过去没有办法计算的问题，现在都可以用计算机迅速解决，为控制系统的分析与设计提供了有力的工具，但是它的基础是数值计算。因此，从原理上来说，这种方法每次只能得到一个具体的解，为了寻求另一个具体的解，就必须从头进行全部计算，而且不能指出解的特性和系统结构、参数的关系。很明显，计算机数值计算的方法本身不是建立一般控制理论的基础。因此，MATLAB 只能作为分析与设计系统的辅助工具，而不能代替控制理论分析与设计方法。

MATLAB 软件包中的内容十分丰富，本书仅仅介绍控制系统分析与设计方面最基本的内容。有关更深入的内容和使用技巧请参考专门的书籍。本节首先介绍控制系统数学模型的 MATLAB 表示，为后面章节中用 MATLAB 分析与设计系统奠定基础。

2.6.1　传递函数的 MATLAB 表示

下面简要介绍几种常用的传递函数的 MATLAB 表示。

1. 有理分式形式的传递函数

如式（2.53）表示的有理分式形式传递函数为

$$G(s) = \frac{b_m s^m + b_{m-1} s^{m-1} + \cdots + b_1 s + b_0}{a_n s^n + a_{n-1} s^{n-1} + \cdots + a_1 s + a_0} = \frac{\text{num}(s)}{\text{den}(s)}$$

在 MATLAB 中表示为

$$\text{num} = [b_m, b_{m-1}, \cdots, b_0]$$
$$\text{den} = [a_n, a_{n-1}, \cdots, a_0]$$
$$G = \text{tf}(\text{num}, \text{den})$$

例如，对传递函数

$$G(s) = \frac{2s^2 - 2s - 4}{s^3 + 5s^2 + 8s + 6} = \frac{2(s+1)(s-2)}{(s+3)(s+1+j)(s+1-j)}$$

在 MATLAB 窗口中键入

$$\text{num} = [2, -2, -4];$$
$$\text{den} = [1, 5, 8, 6];$$
$$G = \text{tf}(\text{num}, \text{den});$$

按回车键，命令窗口会输出如下结果

Tramsfer function：

$$\frac{2s^2 - 2s - 4}{s^3 + 5s^2 + 8s + 6}$$

2. 零极点形式的传递函数

如式（2.54）表示的零极点形式传递函数为

$$G(s) = \frac{k \prod_{i=1}^{m}(s - z_i)}{\prod_{i=1}^{n}(s - p_i)}$$

在 MATLAB 中用 zpk（z，p，k）矢量组表示为

$$z = [z_1, z_2, \cdots, z_m]$$
$$p = [p_1, p_2, \cdots, p_n]$$
$$k = [k]$$
$$G = \text{zpk}[z, p, k]$$

例如，对传递函数

$$G(s) = \frac{2s^2 - 2s - 4}{s^3 + 5s^2 + 8s + 6} = \frac{2(s+1)(s-2)}{(s+3)(s+1+j)(s+1-j)}$$

在 MATLAB 窗口中键入

$$z = [-1, 2];$$
$$p = [-3, -1-j, -1+j];$$

$$k = [2];$$
$$sys = zpk [z, p, k];$$

按回车键，命令窗口输出如下结果：

Zero/pole/gain：

$$\frac{2(s+1)(s-2)}{(s+3)(s^2+2s+2)}$$

3. 传递函数形式的转换

在 MATLAB 中，输入下面的两条命令就可以将零极点形式的传递函数转换为有理分式形式的传递函数。

$$[num, den] = zp2tf (z, p, k)$$
$$G = tf (num, den)$$

类似地，用命令 [z, p, k] = tf2zp（num, den）可以将有理分式形式的传递函数转换为零极点形式的传递函数。

2.6.2　结构图的 MATLAB 表示

在 MATLAB 中，很容易求串联、并联、反馈等结构图的传递函数。

对于两个环节的串联，用下列命令

$$[nums, dens] = series (num1, den1, num2, den2)$$

对于两个环节的并联，用下列命令

$$[nump, denp] = parallel (num1, den1, num2, den2)$$

对于反馈连接，用下列命令

$$[numf, denf] = feedback (num1, den1, num2, den2, sign)$$

如果是负反馈，sign = -1；如果是正反馈，sign = 1。

2.7　本章小结

1. 数学模型的概念

所谓数学模型就是根据系统运动过程的物理、化学等规律，写出的描述系统运动规律、特性和输出与输入关系的数学表达式。

系统建模有两大类方法：机理分析建模方法和实验建模方法。机理分析建模方法是通过对系统内在机理的分析，运用各种物理、化学等定律，推导出描述系统的数学关系式。

2. 微分方程

系统输出量及其各阶导数和系统输入量及其各阶导数之间的关系式，称为系统微分方程描述。

微分方程描述是系统最基本的数学模型，适合于描述线性与非线性系统、定常与时变系统等。连续时间系统都可以用微分方程描述，线性系统可以用线性微分方程描述，而非线性系统则要用非线性微分方程描述。如果系统是线性时变系统，则微分方程的系数是时间的函数。如果系统是线性定常系统，则微分方程的系数与时间无关。

掌握列写系统微分方程的一般步骤。

3. 拉普拉斯变换

拉普拉斯变换可将实域中的微分方程变换成复域中的代数方程。拉普拉斯变换是研究控制系统的一种基本数学工具。

4. 传递函数

在零初始条件下，线性定常系统（环节）输出的拉普拉斯变换与输入的拉普拉斯变换之比，称为该系统（环节）的传递函数。

传递函数是控制理论中最重要的一种数学模型，但它只能描述线性定常系统。

传递函数一般是复变函数，可以表示为有理分式形式、零极点形式及时间常数形式。

线性连续定常系统总是由比例、积分、微分、惯性、振荡、一阶微分、二阶微分、纯滞后、不稳定惯性、不稳定振荡及不稳定一阶微分、不稳定二阶微分这几种基本环节组成的。

5. 结构图

熟练掌握结构图变换法则及其简化结构图求传递函数的方法。

实际练习运用 MATLAB 表示系统的传递函数模型。

习　题

2.1　试求下列函数的拉普拉斯变换，设 $t < 0$ 时，$x(t) = 0$。

（1）$x(t) = 2 + 3t + 4t^2$

（2）$x(t) = 5\sin 2t - 2\cos 2t$

（3）$x(t) = 1 - e^{-\frac{1}{T}t}$

（4）$x(t) = e^{-0.4t}\cos 12t$

2.2　试求下列象函数 $X(s)$ 的拉普拉斯反变换 $x(t)$。

（1）$X(s) = \dfrac{s}{(s+1)(s+2)}$

（2）$X(s) = \dfrac{2s^2 - 5s + 1}{s(s^2 + 1)}$

（3）$X(s) = \dfrac{3s^2 + 2s + 8}{s(s+2)(s^2 + 2s + 4)}$

2.3　已知系统的微分方程为

$$\frac{\mathrm{d}^2 y(t)}{\mathrm{d}t^2} + 2\frac{\mathrm{d}y(t)}{\mathrm{d}t} + 2y(t) = r(t)$$

式中，系统输入变量 $r(t) = \delta(t)$，并设 $y(0) = \dot{y}(0) = 0$，求系统的输出 $y(t)$。

2.4　列写题 2.4 图所示 RLC 电路的微分方程。其中，u_i 为输入变量，u_o 为输出变量。

2.5　列写题 2.5 图所示 RLC 电路的微分方程，其中，u_i 为输入变量，u_o 为输出变量。

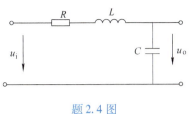
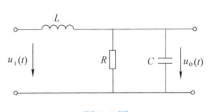

题 2.4 图　　　　　　　　　题 2.5 图

2.6　设运算放大器放大倍数很大，输入阻抗很大，输出阻抗很小。求题 2.6 图所示运算放大电路的传递函数。其中，u_i 为输入变量，u_o 为输出变量。

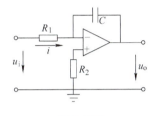

题 2.6 图

2.7　简化题 2.7 图所示系统的结构图，并求传递函数 $\dfrac{C(s)}{R(s)}$。

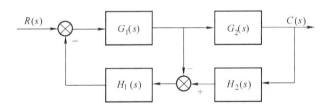

题 2.7 图

2.8　简化题 2.8 图所示系统的结构图，并求传递函数 $\dfrac{C(s)}{R(s)}$。

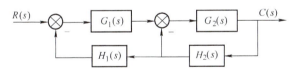

题 2.8 图

2.9　简化题 2.9 图所示系统的结构图，并求传递函数 $\dfrac{C(s)}{R(s)}$。

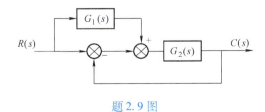

题 2.9 图

2.10　简化题 2.10 图所示系统的结构图，并求传递函数 $\dfrac{C(s)}{R(s)}$。

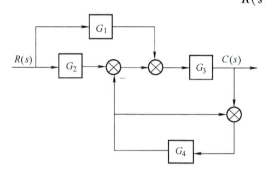

题 2.10 图

2.11　简化题 2.11 图所示系统的结构图，并求传递函数 $\dfrac{C(s)}{R(s)}$。

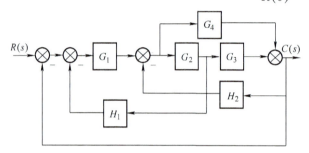

题 2.11 图

2.12　简化题 2.12 图所示系统的结构图，并求传递函数 $\dfrac{C(s)}{R(s)}$。

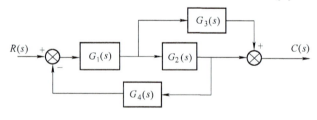

题 2.12 图

2.13　简化题 2.13 图所示系统的结构图，并求传递函数 $\dfrac{C(s)}{R(s)}$。

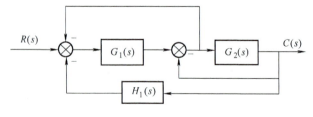

题 2.13 图

2.14　求题 2.14 图所示系统结构图的传递函数 $\dfrac{C(s)}{R(s)}$ 和 $\dfrac{C(s)}{N(s)}$。

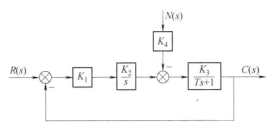

题 2.14 图

2.15 高速列车停车位置控制系统如题 2.15 图所示，求系统的闭环传递函数 $\dfrac{C(s)}{R(s)}$。

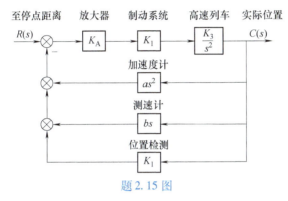

题 2.15 图

2.16 一种轮船转向控制系统如题 2.16 图所示。其中，$C(s)$ 是轮船的航向，$R(s)$ 是期望的航向，$A(s)$ 是舵的角度。求 $C(s)/R(s)$。

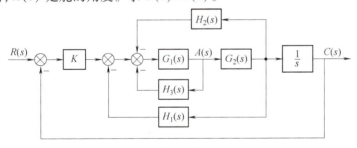

题 2.16 图

2.17 汽车制动系统使用电子反馈控制作用在每个车轮上的制动力。控制系统的结构图如题 2.17 图所示。其中，$F_1(s)$ 和 $F_2(s)$ 分别是汽车前轮和后轮的制动力，$R(s)$ 是汽车在路面上的期望响应。求 $F_1(s)/R(s)$、$F_2(s)/R(s)$。

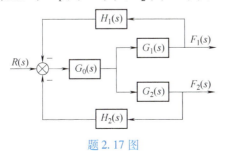

题 2.17 图

  读一读

控制理论开创者 J. C. Maxwell

J. C. Maxwell（麦克斯韦）（1831—1879），英国物理学家与数学家，在许多方面都有极高的造诣。Maxwell 14 岁时就在爱丁堡皇家学会发表了他的第一篇数学论文，讨论卵形线与多焦点曲线，展现了惊人的数学天赋。Maxwell 是物理学中电磁理论的创立人，是 19 世纪最伟大的物理学家，在物理学界足以与牛顿、爱因斯坦齐名。

J. C. Maxwell

瓦特发明蒸汽机之后的一段时间内，虽然工业革命发展迅速，自动调节系统也有了方法，可缺少理论指导，自动控制始终不能上一个台阶。1868 年，Maxwell 针对调速器有时会导致蒸汽机速度出现振荡问题，用微分方程作为工具，讨论了系统可能产生的不稳定现象，发表了论文《论调节器》，导出了调节器的微分方程，并在平衡点附近进行线性化处理，指出稳定性取决于特征方程的根是否都具有负实部，并给出了系统的稳定性条件。这是公认的第一篇研究自动控制的论文，开创了控制理论研究的先河。由于五次以上的多项式没有直接的求根公式，给判断高阶系统的稳定性带来了困难。Maxwell 深刻认识到工业控制对控制理论的需要，因而他不仅自己对控制系统进行研究，而且鼓励引导科学家们更多地关注自动理论的研究工作，在论文中催促数学家们尽快解决多项式的系数同多项式的根的关系问题。

控制论之父 N. Weiner

N. Weiner（维纳）4 岁开始上学，9 岁读中学，11 岁读大学，他入学时的数学知识已超过大学一年级学生的水平，所以转而热衷于研究化学、物理、电学。他 18 岁取得哈佛大学数学和哲学两个博士学位，后来又到德国、英国拜著名哲学家罗素、数学家希尔伯特为师，进一步深造。

N. Weiner

1919 年，由哈佛大学数学系主任奥斯古德推荐，维纳到麻省理工学院数学系任教，并一直在该学院工作到 1959 年退休。1924 年维纳升任助理教授，1929 年为副教授。由于在广义调和分析和关于陶伯定理方面的杰出成就，1932 年晋升为正教授。1935—1936 年，维纳应邀到中国作访问教授。在清华大学与李郁荣合作，研究并设计出新型电子滤波器，获得发明专利。在中国的这一年被维纳作为自己学术生涯中特定的里程碑。

在第二次世界大战末期，维纳接受了一项与火力控制有关的研究工作，促使他深入探索用机器来模拟人脑的计算功能，建立预测理论并应用于防空火力控制系统的预测装置。他从驾驶汽车这种简单的动作中发现，人是采用了一种叫"反馈"的控制方法，使汽车按要求行驶。维纳又请来了神经专家进行共同研究，发现机器和人的控制机能有相似之处。后来，维纳请许多不同领域的科学家对控制问题进行激烈的讨论，也发现机器和人的控制机能有相似之处。1948 年维纳发表了著名的《控制论——关于在动物和机器中控制与通讯的科学》，论述了控制理论的一般方法，推广了反馈的概念，形成完整的经典控制理论，为控制理论这门学科奠定了基础，标志着控制学科的诞生。维纳成为控制论的创始人。

第 3 章

时域分析法

对控制系统性能的要求，主要是稳定性、暂态性能和稳态性能三个方面。在自动控制理论中，发展了多种分析方法。系统分析是系统设计的基础，特别是稳定性分析。大部分系统的设计方法都是在系统稳定性分析的基础上发展起来的。

本章介绍线性定常连续系统的时域分析方法。首先介绍系统稳定的充分必要条件，这是各种稳定性判据的出发点；然后介绍线性定常连续系统的劳斯稳定判据，介绍线性定常连续系统的暂态性能分析方法，主要介绍在系统设计中具有重要作用的典型二阶系统的暂态性能指标，简单介绍高阶系统的主导极点分析方法；最后介绍线性定常连续系统的稳态误差分析方法。

3.1　稳定性分析

3.1.1　稳定性的概念

稳定性是控制系统最基本的性质。系统稳定是保证系统能正常工作的首要条件。

所谓稳定性是指控制系统偏离平衡状态后，自动恢复到平衡状态的能力。当系统受到扰动作用后，其状态偏离了平衡状态，当其扰动被撤消后，如果系统的输出响应经过足够长的时间后，最终能够回到原先的平衡状态，则称此系统是稳定的；反之，如果系统的输出响应逐渐增加趋于无穷，或者进入振荡状态，则称此系统是不稳定的。

如图 3.1 所示的控制系统在阶跃输入作用下的典型输出响应中，曲线 1 表示系统的响应逐渐趋于稳态值，到达平衡状态，系统是稳定的；曲线 2 表示系统的响应为衰减振荡，逐渐趋于稳态值，到达平衡状态，系统也是稳定的；而曲线 3、4 表示系统的响应逐渐增加趋于无穷，所以，系统是不稳定的。

判别系统是否稳定的问题，称为绝对稳定性分析。事实上，对于稳定或者不稳定的系统，还需要进一步分析系统稳定或者不稳定的程度，称为系统的相对稳定性分析。

3.1.2　系统稳定的条件

稳定性讨论的是系统在输入（包括参考输入和扰动）作用消失以后的自由运动状态。所以，通常通过分析系统的零输入响应，或者脉冲响应来分析系统的稳定性。

设描述线性定常连续系统的微分方程为

$$a_n y^{(n)} + a_{n-1} y^{(n-1)} + \cdots + a_1 \dot{y} + a_0 y = b_m u^{(m)} + \cdots + b_1 \dot{u} + b_0 u \qquad (3.1)$$

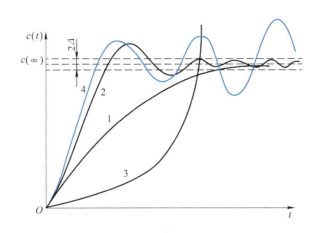

图 3.1　控制系统的阶跃响应

则系统的特征方程为

$$D(s) = a_n s^n + a_{n-1} s^{n-1} + \cdots + a_1 s + a_0 = 0 \tag{3.2}$$

设特征方程式（3.2）有 k 个实根 λ_i，γ 对共轭复根 $\sigma_i \pm \mathrm{j}\omega_{di}$，则系统的脉冲响应为

$$y(t) = \sum_{i=1}^{k} C_i \mathrm{e}^{\lambda_i t} + \sum_{i=1}^{r} \mathrm{e}^{\sigma_i t}(A_i \cos\omega_{di} t + B_i \sin\omega_{di} t) \tag{3.3}$$

从式（3.3）看出：

1）若 λ_i、σ_i 均为负实部，则有 $\lim\limits_{t \to \infty} y(t) = 0$。因此，当所有特征根的实部都为负时，系统是稳定的。

2）若 λ_i、σ_i 中有一个或者多个为正值，则有 $\lim\limits_{t \to \infty} y(t) = \infty$。因此，当特征根中有一个或者多个为正实部时，系统是不稳定的。

3）若 λ_i 中有一个为零，而其他 λ_i、σ_i 均为负，则有 $\lim\limits_{t \to \infty} y(t)$ 为常数。因此，当特征根中有一个为零，而其他极点均为负实部时，系统是临界稳定的。

综上分析，得出下面的结论：

线性定常连续系统稳定的充分必要条件是系统的全部特征根或闭环极点都具有负实部，或者说都位于复平面的左半部。

上述系统稳定的充分必要条件是分析系统稳定性的基础。但是，直接求解特征方程得到特征根来检查全部特征根是否都具有负实部往往是很困难的。因此，后面将介绍各种稳定性判据，不需要计算出特征根就能判别系统的稳定性。

由韦达定理，得到系统稳定的必要条件是系统特征方程的系数同号，而且都不为零。从检查系统稳定性角度来看，稳定性的必要条件有时是很有用的。但这仅仅是必要条件，就是说，当特征方程的系数同号，而且都不为零时，系统并不一定稳定。这时就需要应用下面介绍的代数稳定判据判别。这些代数稳定判据都是从特征方程系数之间的关系来判别系统稳定性的。代数稳定判据的数学本质是判别代数多项式的根是否都具有负实部。

例 3.1　已知系统的特征方程为 $D(s) = s^4 + s^3 - s^2 + s + 1 = 0$，判别系统稳定性。

解　因为特征方程系数的符号不相同，不满足稳定性的必要条件，所以系统是不稳定的。

3.1.3 劳斯稳定判据

设线性连续定常系统的特征方程为

$$D(s) = a_n s^n + a_{n-1} s^{n-1} + \cdots + a_1 s + a_0 = 0 \tag{3.4}$$

劳斯（Routh）稳定判据是利用劳斯表第一列数的符号变化来判别系统稳定性的。劳斯表构成为

$$
\begin{array}{llllll}
s^n & a_n & a_{n-2} & a_{n-4} & a_{n-6} & \cdots \\
s^{n-1} & a_{n-1} & a_{n-3} & a_{n-5} & a_{n-7} & \cdots \\
s^{n-2} & b_1 & b_2 & b_3 & b_4 & \cdots \\
s^{n-3} & c_1 & c_2 & c_3 & c_4 & \cdots \\
s^{n-4} & d_1 & d_2 & d_3 & d_4 & \cdots \\
\vdots & \vdots & \vdots & \vdots & \vdots & \vdots \\
s^0 & \cdots
\end{array}
$$

表中

$$b_1 = -\frac{1}{a_{n-1}} \begin{vmatrix} a_n & a_{n-2} \\ a_{n-1} & a_{n-3} \end{vmatrix} = \frac{a_{n-1} a_{n-2} - a_n a_{n-3}}{a_{n-1}}$$

$$b_2 = -\frac{1}{a_{n-1}} \begin{vmatrix} a_n & a_{n-4} \\ a_{n-1} & a_{n-5} \end{vmatrix} = \frac{a_{n-1} a_{n-4} - a_n a_{n-5}}{a_{n-1}}$$

$$b_3 = -\frac{1}{a_{n-1}} \begin{vmatrix} a_n & a_{n-6} \\ a_{n-1} & a_{n-7} \end{vmatrix} = \frac{a_{n-1} a_{n-6} - a_n a_{n-7}}{a_{n-1}}$$

$$\vdots$$

直至其余 b_i 全为 0。

$$c_1 = -\frac{1}{b_1} \begin{vmatrix} a_{n-1} & a_{n-3} \\ b_1 & b_2 \end{vmatrix} = \frac{b_1 a_{n-3} - b_2 a_{n-1}}{b_1}$$

$$c_2 = -\frac{1}{b_1} \begin{vmatrix} a_{n-1} & a_{n-5} \\ b_1 & b_3 \end{vmatrix} = \frac{b_1 a_{n-5} - b_3 a_{n-1}}{b_1}$$

$$c_3 = -\frac{1}{b_1} \begin{vmatrix} a_{n-1} & a_{n-7} \\ b_1 & b_4 \end{vmatrix} = \frac{b_1 a_{n-7} - b_4 a_{n-1}}{b_1}$$

$$\vdots$$

直至其余 c_i 全为 0。

$$d_1 = -\frac{1}{c_1} \begin{vmatrix} b_1 & b_2 \\ c_1 & c_2 \end{vmatrix} = \frac{b_2 c_1 - b_1 c_2}{c_1}$$

$$d_2 = -\frac{1}{c_1} \begin{vmatrix} b_1 & b_3 \\ c_1 & c_3 \end{vmatrix} = \frac{b_3 c_1 - b_1 c_3}{c_1}$$

$$d_3 = -\frac{1}{c_1} \begin{vmatrix} b_1 & b_4 \\ c_1 & c_4 \end{vmatrix} = \frac{b_4 c_1 - b_1 c_4}{c_1}$$

$$\vdots$$

直至其余 d_i 全为 0。

在列劳斯表时，为了简化运算，可以用一个正数遍乘同一行中的所有元素，不影响判别结果。例如，计算 b_i 时，为了避免除以 a_{n-1} 带来的麻烦，可以只考虑 a_{n-1} 的符号，而不除以 $|a_{n-1}|$。

另外，s^0 行的第 1 列数总是等于 s^2 行的第 2 列的数。

劳斯稳定判据：系统稳定的充分必要条件是劳斯表的第一列数的符号完全相同。如果劳斯表的第一列数的符号不完全相同，则系统不稳定。而且，系统正实部特征根的个数等于劳斯表第一列数的符号变化次数。

例 3.2　已知系统的特征方程为 $D(s) = s^4 + 6s^3 + 12s^2 + 11s + 6 = 0$，用劳斯稳定判据判别系统稳定性。

解　劳斯表构成为

s^4	1	12	6
s^3	6	11	0
s^2	$6 \times 12 - 1 \times 11 = 61$	$6 \times 6 - 1 \times 0 = 36$	
s^1	$61 \times 11 - 6 \times 36 = 455$	0	
s^0	36		

因为劳斯表第一列数符号相同，所以系统是稳定的。

例 3.3　已知系统的特征方程为 $D(s) = s^4 + s^3 - s^2 + s + 1 = 0$，用劳斯稳定判据判别系统稳定性。

解　特征方程系数的符号不相同，不满足稳定的必要条件，所以系统是不稳定的。下面用劳斯稳定判据判别系统稳定性，不仅得到相同的结论，而且可以确定有几个不稳定的特征根。劳斯表构成为

s^4	1	-1	1
s^3	1	1	0
s^2	-2	1	
s^1	3	0	
s^0	1		

因为劳斯表第一列数符号变化两次，所以系统是不稳定的，有两个特征根在右半 S 平面。

在列劳斯表时，可能遇到一种特殊情况：劳斯表中某一行的第一列数为 0，其余不全为 0。这时可以用一个很小的正数（也可以是负数）ε 代替这个 0，然后继续列劳斯表。

例 3.4　已知系统的特征方程为 $D(s) = s^4 + 3s^3 + s^2 + 3s + 1 = 0$，用劳斯稳定判据判别系统稳定性。

解　劳斯表构成为

s^4	1	1	1
s^3	3	3	0
s^2	ε	1	
s^1	$3\varepsilon - 3$	0	
s^0	1		

因为 ε 是一个很小的正数，所以 $3\varepsilon - 3 < 0$，因此，劳斯表第一列数符号变化两次，

所以系统是不稳定的，有两个特征根在右半 S 平面。

在列劳斯表时，还可能遇到另一种特殊情况：劳斯表中某一行的数全为 0。这时可以用上一行的数构成所谓的辅助多项式，将辅助多项式对变量 s 求导，得到一个新的多项式，然后，用这个新多项式的系数代替全为 0 这一行的数，继续列劳斯表。

设劳斯表中 s^{k-1} 行全为 0，s^k 行的数分别为 t_1，t_2，t_3 等，则辅助多项式为

$$F(s) = t_1 s^k + t_2 s^{k-2} + t_3 s^{k-4} + \cdots \tag{3.5}$$

对 s 求导得

$$\frac{\mathrm{d}}{\mathrm{d}s}F(s) = t_1 k s^{k-1} + t_2(k-2)s^{k-3} + t_3(k-4)s^{k-5} + \cdots \tag{3.6}$$

则 s^{k-1} 行的系数分别替换为 $t_1 k$，$t_2(k-2)$，$t_3(k-4)$，$\cdots$。

劳斯表中出现某一行的数全为 0，表明系统存在对称于原点的特征根。就是说，系统特征根中或者存在两个符号相反、绝对值相等的实根；或者存在一对共轭纯虚根；或者存在实部符号相反、虚部数值相等的两对共轭复根；或者上述几类根同时存在。

所有对称于原点的特征根都可以从求解辅助方程得到，而且，辅助方程的根都是对称于原点的特征根。正因为如此，辅助方程或多项式的最高幂次总是偶数，它等于对称于原点的特征根的个数。

例 3.5 已知系统的特征方程为 $D(s) = s^6 + s^5 - 2s^4 - 3s^3 - 7s^2 - 4s - 4 = 0$，用劳斯稳定判据判别系统稳定性。

解 劳斯表构成为

s^6	1	-2	-7	-4	
s^5	1	-3	-4		
s^4	1	-3	-4	$\rightarrow$	$F(s) = s^4 - 3s^2 - 4$
s^3	2	-3		$\leftarrow$	$F'(s) = 4s^3 - 6s$
s^2	-3	-8			
s^1	-25				
s^0	-8				

因为劳斯表第一列数符号变化 1 次，所以系统是不稳定的，有 1 个特征根在右半 S 平面。求解辅助方程 $F(s) = s^4 - 3s^2 - 4 = 0$，可得系统对称于原点的特征根为 $s_{1,2} = \pm 2$，$s_{3,4} = \pm \mathrm{j}$。

应用劳斯稳定判据可以确定保证系统稳定的系统参数取值范围，在系统设计中是很有用的。下面举例说明。

例 3.6 如图 3.2 所示系统，其中，$\zeta > 0$，$\omega_\mathrm{n} > 0$，试确定使系统稳定的参数 K_1 的取值范围。

解 系统的开环传递函数为

$$G(s) = \left(1 + \frac{K_1}{s}\right)\frac{\omega_\mathrm{n}^2}{s(s + 2\zeta\omega_\mathrm{n})}$$

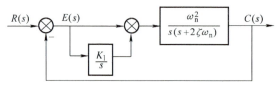

图 3.2 例 3.6 控制系统

特征方程为

$$D(s) = s^3 + 2\zeta\omega_\mathrm{n}s^2 + \omega_\mathrm{n}^2 s + K_1\omega_\mathrm{n}^2 = 0$$

劳斯表构成为

$$
\begin{array}{llll}
s^3 & 1 & \omega_n^2 \\[4pt]
s^2 & 2\zeta\omega_n & K_1\omega_n^2 \\[4pt]
s^1 & \dfrac{2\zeta\omega_n^2 - K_1\omega_n}{2\zeta} \\[8pt]
s^0 & K_1\omega_n^2
\end{array}
$$

根据劳斯稳定判据，系统稳定的充分必要条件为

$$2\zeta\omega_n^2 - K_1\omega_n > 0$$

$$K_1\omega_n^2 > 0$$

解上面的不等式，得到保证系统稳定的参数 K_1 的取值范围为 $0 < K_1 < 2\zeta\omega_n$。当 $K_1 = 2\zeta\omega_n$ 时，系统临界稳定。

3.2　暂态性能分析

　　当系统不稳定时，任何扰动都会使系统的输出趋于无穷，所以，系统稳定是系统能够正常工作的前提。但对于稳定系统，还需要有较好的动态性能。一般要求系统跟踪输入变化的速度要快，跟踪精度要高。因此，在分析系统稳定性的基础上，要进一步分析系统的暂态性能和稳态性能。

　　下面通过求解系统的微分方程和分析系统的输出响应，讨论线性连续系统的暂态性能。因为这些方法是在时域里进行的，所以，通常称为时域法。

3.2.1　典型输入信号

　　系统的输出响应与输入信号有关，但实际系统的输入信号是多种多样的，很多是随机信号。比较各种信号下的系统响应是不可能的，也是不必要的。在控制理论中，选择一些典型信号作为系统的输入信号，作为系统分析、设计的基础。

　　选择的典型信号应该满足下列要求：

　　1）在典型输入信号作用下，系统的性能应反映出系统在实际工作条件下的性能。

　　2）典型输入信号的数学表达要简单，便于数学分析和理论计算。

　　3）在控制现场或者实验室中容易产生，便于实验分析和检验。

　　在自动控制理论中，常用的典型输入信号有：

　　（1）阶跃信号

$$
r(t) = \begin{cases} 0 & t < 0 \\ R & t \geqslant 0 \end{cases} \tag{3.7}
$$

当 $R = 1$ 时，称为单位阶跃信号，记作 $1(t)$。阶跃信号如图 3.3a 所示。

　　参考输入的突然增加或减少、负荷的突变、常值干扰的突然出现等，都可以用阶跃信号描述。

　　（2）速度信号（斜坡信号）

$$
r(t) = \begin{cases} 0 & t < 0 \\ Rt & t \geqslant 0 \end{cases} \tag{3.8}
$$

当 $R=1$ 时，称为单位斜坡信号。速度信号如图 3.3b 所示。

数控机床加工斜面时的进给指令、自动火炮跟踪匀速飞行的飞机等，都可以用速度信号描述。

（3）加速度信号（抛物线信号）

$$r(t) = \begin{cases} 0 & t < 0 \\ \dfrac{1}{2}Rt^2 & t \geqslant 0 \end{cases} \tag{3.9}$$

当 $R=1$ 时，称为单位加速度信号。加速度信号如图 3.3c 所示。

随动系统的输入经常是加速度信号，如自动火炮系统中，飞机作加速度运动。电梯的启动也可以看作加速度输入。

（4）脉冲信号

$$r(t) = R\delta(t) \tag{3.10}$$

当 $R=1$ 时，称为单位脉冲信号。其中，$\delta(t)$ 为 δ（迪拉克）函数，定义为

$$\delta(t) = \begin{cases} \infty & t = 0 \\ 0 & t \neq 0 \end{cases} \tag{3.11a}$$

$$\int_{-\infty}^{+\infty} \delta(t)\,\mathrm{d}t = 1 \tag{3.11b}$$

脉冲信号如图 3.3d 所示。

脉冲电压信号、瞬间冲击力、阵风或大气湍流对飞机的影响等，都可以用脉冲信号描述。

（5）正弦信号

$$r(t) = \begin{cases} 0 & t < 0 \\ A\sin(\omega t + \varphi) & t \geqslant 0 \end{cases} \tag{3.12}$$

正弦信号如图 3.3e 所示。

海浪对船体的冲击、电源及机械振动的噪声可以用正弦信号描述。

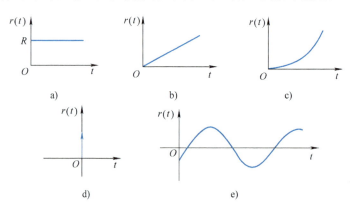

图 3.3 典型输入信号

在系统分析、设计与实验时，应该根据系统正常工作条件下的实际输入，选择一种典型输入信号，作为分析、设计系统的输入信号。例如，如果系统的参考输入经常是突变的，或者系统受到突变扰动的影响，则可以采用阶跃输入信号进行系统分析与设计。如果系统的输入信号是随时间缓慢增加的，则可以采用速度输入信号。如果系

统的输入信号是冲击量时，则可以采用脉冲输入信号。如果系统的输入信号呈现周期性，则可以采用正弦输入信号。

3.2.2 暂态性能指标

控制系统的暂态性能指标通常是在零初始条件下，通过系统单位阶跃响应的特征定义的。稳定的控制系统的阶跃响应分为单调变化和衰减振荡两种情况，如图 3.4 所示。

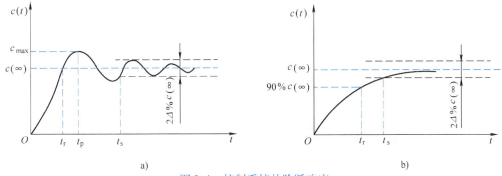

图 3.4　控制系统的阶跃响应

系统的暂态性能指标，实际上就是刻画阶跃响应曲线特征的一些量。下面首先针对衰减振荡的情况，定义系统的暂态性能指标，如图 3.4a 所示。

1.（最大）超调量 $\sigma_p\%$

系统阶跃响应的最大值 c_{max} 超过稳态值 $c(\infty)$ 的百分数，称为（最大）超调量，记为 $\sigma_p\%$，则

$$\sigma_p\% = \frac{c_{max} - c(\infty)}{c(\infty)} \times 100\% \tag{3.13}$$

超调量 $\sigma_p\%$ 反映了系统输出量在调节过程中与稳态值的最大偏差，是衡量系统性能的一个重要指标。对不可逆系统，系统不能出现超调，例如，在水泥搅拌控制系统中，给水量不能过量，因为控制系统只能加水，而不能排水。对一般系统，总希望超调量较小。但常常希望系统有一点超调，以增加系统的快速性。例如在电动机调速系统中，电动机速度有一点超调是容许的，这时电动机速度跟踪特性较好。

2.（最大）超调时间 t_p

系统阶跃响应达到最大值的时间，称为超调时间，记为 t_p。最大值一般都发生在阶跃响应的第一个峰值时间，所以又称为峰值时间。

3. 上升时间 t_r

当系统的阶跃响应第一次达到稳态值的时间，称为上升时间，记为 t_r。

4. 调节时间 t_s

当系统的阶跃响应衰减到给定的误差带内，并且以后不再超出给定的误差带的时间，称为调节时间，记为 t_s，即

$$|c(t) - c(\infty)| \leqslant \Delta\% c(\infty) \qquad t \geqslant t_s \tag{3.14}$$

控制系统的暂态过程理论上要到 $t \to \infty$ 才结束，但从工程角度，只要偏差小于允许的值就算结束。所以，调节时间又称为过渡过程时间。Δ 是给定的误差带，通常取 2 或

者5。当对系统的稳态要求不是很高时，Δ取5，反之，取2。

对于系统的阶跃响应曲线是单调上升的情况，定义系统的暂态性能指标，如图3.4b所示。在这种情况下，输出量没有超调，或者认为超调量为0。而且，因为只有当$t \to \infty$时，系统的阶跃响应才达到稳态值，所以上升时间的定义也要作一些修正。事实上，在工程中，如果当阶跃响应已经很接近稳态值时，就可以认为是达到了稳态值。因此，将单调上升的单位阶跃响应达到稳态值的90%的时间定义为上升时间t_r，即

$$c(t_r) = 90\% c(\infty) \tag{3.15}$$

调节时间仍然由式（3.14）定义。

在控制系统分析与设计中，除了上述性能指标外，还有许多其他指标，特别是一些最优化指标。

下面，基于微分方程的求解，讨论连续系统的暂态性能指标计算。首先讨论简单的一阶系统的暂态性能指标，然后重点讨论典型二阶系统的暂态性能指标，这对控制系统的设计具有重要意义。最后介绍高阶系统主导极点的概念以及暂态性能的近似分析方法。

3.2.3 一阶系统的暂态性能分析

一阶系统的微分方程和传递函数描述为

$$T \frac{\mathrm{d}c(t)}{\mathrm{d}t} + c(t) = Kr(t) \tag{3.16}$$

$$\Phi(s) = \frac{C(s)}{R(s)} = \frac{K}{Ts + 1} \tag{3.17}$$

在零初始条件下，控制系统在单位阶跃输入信号作用下的输出，称为系统的单位阶跃响应。

一阶系统的单位阶跃响应的拉普拉斯变换为

$$C(s) = \Phi(s) \frac{1}{s} = \frac{K}{s(Ts + 1)} \tag{3.18}$$

进行部分分式变换得

$$C(s) = K \left(\frac{1}{s} - \frac{1}{s + \frac{1}{T}} \right)$$

一阶系统的单位阶跃响应为

$$c(t) = \mathscr{L}^{-1}[C(s)] = K(1 - \mathrm{e}^{-\frac{t}{T}}) \tag{3.19}$$

系统输出的稳态值为$c(\infty) = K$，一阶系统的单位阶跃响应曲线如图3.5所示。

因为一阶系统的单位阶跃响应曲线是单调上升的，所以，可以用上升时间和调节时间作为暂态性能指标。下面求取一阶系统的暂态性能指标。

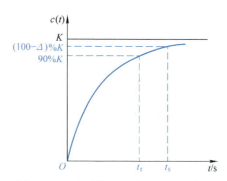

图3.5　一阶系统的单位阶跃响应曲线

（1）上升时间 t_r

由上升时间的定义式（3.15），得

$$K(1 - e^{-\frac{t_r}{T}}) = 90\% K$$

解得

$$t_r = T\ln10 = 2.3T \tag{3.20}$$

（2）调节时间 t_s

由调节时间的定义

$$|c(t_s) - c(\infty)| \leqslant \Delta\% c(\infty)$$

得

$$|K(1 - e^{-\frac{t_s}{T}}) - K| = Ke^{-\frac{t_s}{T}} \leqslant \Delta\% K$$

即

$$e^{-\frac{t_s}{T}} \leqslant \Delta\%$$

解得

$$t_s \geqslant T\ln\frac{1}{\Delta\%}$$

取

$$t_s = \begin{cases} 3T & \Delta = 5 \\ 4T & \Delta = 2 \end{cases} \tag{3.21}$$

从一阶系统的暂态性能指标可以看出，为了提高一阶系统跟踪输入信号的快速性，减少调节时间，应该减小系统的时间常数 T。

例 3.7 一阶系统的结构图如图 3.6 所示。

（1）求 $K_h = 0.1$ 时系统的调节时间 t_s（$\Delta = 5$）；

（2）若要求 $t_s \leqslant 0.1\mathrm{s}$（$\Delta = 5$），确定反馈系数 K_h 的值。

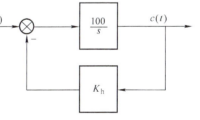

图 3.6 一阶系统

解 系统的闭环传递函数为

$$\Phi(s) = \frac{C(s)}{R(s)} = \frac{\dfrac{100}{s}}{1 + \dfrac{100}{s}K_h} = \frac{\dfrac{1}{K_h}}{\dfrac{1}{100K_h}s + 1}$$

系统的时间常数为 $T = \dfrac{1}{100K_h}$。

（1）当 $K_h = 0.1$ 时，$T = 0.1\mathrm{s}$，$t_s = 3T = 0.3\mathrm{s}$

（2）$t_s = 3T = \dfrac{3}{100K_h} \leqslant 0.1$，$K_h \geqslant 0.3$

3.2.4 典型二阶系统的暂态性能分析

1. 典型二阶系统的数学模型

由微分方程式（3.22）或者传递函数式（3.23）所描述的系统称为典型二阶系统。

$$T^2\frac{\mathrm{d}^2c(t)}{\mathrm{d}t^2} + 2\zeta T\frac{\mathrm{d}c(t)}{\mathrm{d}t} + c(t) = r(t) \tag{3.22}$$

$$\Phi(s) = \frac{C(s)}{R(s)} = \frac{1}{T^2 s^2 + 2\zeta T s + 1} = \frac{\omega_n^2}{s^2 + 2\zeta\omega_n s + \omega_n^2} \qquad (3.23)$$

式中，ζ 为系统的阻尼比，ω_n 为无阻尼自然振荡频率。

典型二阶系统的特征方程为

$$D(s) = s^2 + 2\zeta\omega_n s + \omega_n^2 = 0 \qquad (3.24)$$

特征根为

$$s_1 = -\zeta\omega_n + \sqrt{\zeta^2 - 1}\,\omega_n \qquad (3.25a)$$

$$s_2 = -\zeta\omega_n - \sqrt{\zeta^2 - 1}\,\omega_n \qquad (3.25b)$$

2. 典型二阶系统的单位阶跃响应

在零初始条件下，典型二阶系统的单位阶跃响应的拉普拉斯变换式为

$$C(s) = \Phi(s)\frac{1}{s} = \frac{\omega_n^2}{s^2 + 2\zeta\omega_n s + \omega_n^2}\frac{1}{s} \qquad (3.26)$$

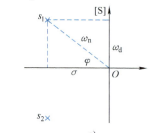

系统的单位阶跃响应特征主要取决于特征根的分布。从式（3.25）可以看出，特征根的分布主要取决于系统的阻尼比 ζ。只有当 $0 < \zeta < 1$，系统处于欠阻尼状态时，系统的参数和时域性能指标才存在较简单的关系。下面推导欠阻尼二阶系统的时域性能指标公式。而对于过阻尼状态 $\zeta > 1$，可以采用后面介绍的主导极点法，将二阶模型简化为一阶模型，然后用式（3.20）和式（3.21）求时域性能指标。

在欠阻尼状态下，$0 < \zeta < 1$，特征根是具有负实部的共轭复数

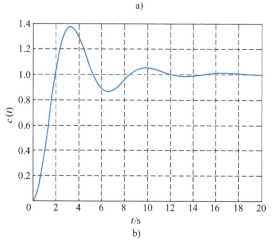

图 3.7　欠阻尼状态

$$s_1 = -\zeta\omega_n + j\omega_n\sqrt{1-\zeta^2} \qquad s_2 = -\zeta\omega_n - j\omega_n\sqrt{1-\zeta^2}$$

根平面如图 3.7a 所示。系统的单位阶跃响应的拉普拉斯变换式为

$$C(s) = \frac{\omega_n^2}{(s+\zeta\omega_n)^2 + (1-\zeta^2)\omega_n^2}\frac{1}{s}$$

$$= \frac{1}{s} - \frac{s+\zeta\omega_n}{(s+\zeta\omega_n)^2 + (\sqrt{1-\zeta^2}\,\omega_n)^2} - \frac{\frac{\zeta}{\sqrt{1-\zeta^2}}\sqrt{1-\zeta^2}\,\omega_n}{(s+\zeta\omega_n)^2 + (\sqrt{1-\zeta^2}\,\omega_n)^2}$$

$$c(t) = 1 - e^{-\zeta\omega_n t}\cos(\sqrt{1-\zeta^2}\,\omega_n t) - \frac{\zeta}{\sqrt{1-\zeta^2}}e^{-\zeta\omega_n t}\sin(\sqrt{1-\zeta^2}\,\omega_n t)$$

$$= 1 - \frac{1}{\sqrt{1-\zeta^2}}e^{-\zeta\omega_n t}\sin(\sqrt{1-\zeta^2}\,\omega_n t + \cos^{-1}\zeta)$$

记 $\sigma = \zeta\omega_n$，称 σ 为阻尼系数，表明系统暂态分量衰减的速度；$\omega_d = \omega_n\sqrt{1-\zeta^2}$ 称为阻尼振荡频率；$\varphi = \cos^{-1}\zeta$。则上式化为

$$c(t) = 1 - \frac{1}{\sqrt{1-\zeta^2}}e^{-\sigma t}\sin(\omega_d t + \varphi) \quad t \geqslant 0 \tag{3.27}$$

参数 σ、ω_d、φ、ζ、ω_n 与特征根的关系如图 3.7a 所示。欠阻尼状态下典型二阶系统的单位阶跃响应曲线如图 3.7b 所示。

3. 欠阻尼典型二阶系统暂态性能分析

下面讨论欠阻尼状态下的典型二阶系统的暂态性能指标。

由式（3.27）可知，欠阻尼典型二阶系统的单位阶跃响应为

$$c(t) = 1 - \frac{e^{-\sigma t}}{\sqrt{1-\zeta^2}}\sin(\omega_d t + \varphi)$$

（1）上升时间 t_r

对于欠阻尼状态，上升时间是第一次达到稳态值的时间。下面先求 $c(t_1) = 1$ 的时间 t_1

$$c(t_1) = 1 - \frac{e^{-\sigma t_1}}{\sqrt{1-\zeta^2}}\sin(\omega_d t_1 + \varphi) = 1$$

则

$$e^{-\sigma t_1}\sin(\omega_d t_1 + \varphi) = 0$$

因为，$e^{-\sigma t_1} \neq 0$，所以，应有 $\sin(\omega_d t_1 + \varphi) = 0$，则

$$\omega_d t_1 + \varphi = 0, \ \pi, \ 2\pi, \ \cdots$$

即 t_1 的解为 $-\dfrac{\varphi}{\omega_d}$，$\dfrac{\pi-\varphi}{\omega_d}$，$\cdots$。因为上升时间 t_r 应该大于 0，且是 $c(t)$ 第一次到达 $c(\infty)$ 的时间，所以

$$\omega_d t_r + \varphi = \pi$$

则上升时间为

$$t_r = \frac{\pi-\varphi}{\omega_d} \tag{3.28}$$

（2）超调时间 t_p

$$\frac{dc(t)}{dt} = \frac{\sigma e^{-\sigma t}}{\sqrt{1-\zeta^2}}\sin(\omega_d t + \varphi) - \frac{e^{-\sigma t}}{\sqrt{1-\zeta^2}}\omega_d\cos(\omega_d t + \varphi) \tag{3.29}$$

由超调量定义，t_p 是 $c(t)$ 第一次达到最大值的时间，因为 $c(t)$ 是连续函数，所以有

$$\left.\frac{dc(t)}{dt}\right|_{t=t_p} = 0$$

首先求使 $\dfrac{dc(t)}{dt} = 0$ 的点 t_0。由式（3.29）得

$$\sigma\sin(\omega_d t_0 + \varphi) = \omega_d\cos(\omega_d t_0 + \varphi)$$

$$\tan(\omega_d t_0 + \varphi) = \frac{\omega_d}{\sigma} = \frac{\omega_n\sqrt{1-\zeta^2}}{\zeta\omega_n} = \frac{\sqrt{1-\zeta^2}}{\zeta} = \tan\varphi$$

则

$$\omega_d t_0 = 0, \ \pi, \ 2\pi, \ 3\pi, \ \cdots$$

因为 t_p 应该大于 0 且是 $c(t)$ 第一次达到峰值的时间，所以应取 $\omega_d t_p = \pi$，则

$$t_p = \frac{\pi}{\omega_d} \tag{3.30}$$

（3）超调量 $\sigma_p\%$

$c(\infty) = 1$

$$c_{max} = c(t_p) = 1 - \frac{e^{-\sigma t_p}}{\sqrt{1-\zeta^2}}\sin(\omega_d t_p + \varphi) = 1 - \frac{e^{-\zeta\omega_n \frac{\pi}{\sqrt{1-\zeta^2}\omega_n}}}{\sqrt{1-\zeta^2}}\sin\left(\omega_d \frac{\pi}{\omega_d} + \varphi\right)$$

$$= 1 + \frac{1}{\sqrt{1-\zeta^2}}e^{-\frac{\zeta\pi}{\sqrt{1-\zeta^2}}}\sin\varphi$$

由于 $\sin\varphi = \sqrt{1-\cos^2\varphi} = \sqrt{1-\zeta^2}$，所以

$$c_{max} = 1 + e^{-\frac{\zeta\pi}{\sqrt{1-\zeta^2}}}$$

则由超调量的定义，得

$$\sigma_p\% = \frac{c_{max} - c(\infty)}{c(\infty)} \times 100\% = e^{-\frac{\zeta\pi}{\sqrt{1-\zeta^2}}} \times 100\% \tag{3.31}$$

（4）调节时间 t_s

根据调节时间的定义，有

$$|c(t_s) - c(\infty)| = \frac{e^{-\sigma t_s}}{\sqrt{1-\zeta^2}}|\sin(\omega_d t_s + \varphi)| \leqslant \Delta\% \tag{3.32}$$

式（3.32）是一个超越方程，要解出 t_s 可用数值解法，但用数值解法得不到 t_s 与系统参数之间的关系，难于指导系统设计。可以采用某些近似，得到 t_s 的近似计算公式。显然，为了确保系统的实际性能符合要求，应使由计算公式得到的调节时间大于实际调节时间。由于

$$|c(t_s) - c(\infty)| = \frac{e^{-\sigma t_s}}{\sqrt{1-\zeta^2}}|\sin(\omega_d t_s + \varphi)| \leqslant \frac{e^{-\sigma t_s}}{\sqrt{1-\zeta^2}}$$

则 t_s 取为

$$\frac{e^{-\sigma t_s}}{\sqrt{1-\zeta^2}} \leqslant \Delta\% c(\infty) = \Delta\%$$

则

$$t_s = -\frac{1}{\sigma}\ln(\sqrt{1-\zeta^2}\Delta\%) = -\frac{\ln(\sqrt{1-\zeta^2}\Delta\%)}{\zeta\omega_n} \tag{3.33}$$

当 $\Delta = 2$ 时

$$t_s = \frac{1}{\zeta\omega_n}\ln\frac{50}{\sqrt{1-\zeta^2}} \tag{3.34a}$$

当 $\Delta = 5$ 时

$$t_s = \frac{1}{\zeta\omega_n}\ln\frac{20}{\sqrt{1-\zeta^2}} \tag{3.34b}$$

当 $0 < \zeta < 0.9$ 时，可以进一步近似为

当 $\Delta = 2$ 时

$$t_{\mathrm{s}} = \frac{4}{\zeta \omega_{\mathrm{n}}} = 4T \tag{3.35a}$$

当 $\Delta = 5$ 时

$$t_{\mathrm{s}} = \frac{3}{\zeta \omega_{\mathrm{n}}} = 3T \tag{3.35b}$$

式中，T 为欠阻尼二阶系统的时间常数，$T = \dfrac{1}{\zeta \omega_{\mathrm{n}}}$。

欠阻尼典型二阶系统的暂态性能指标总结如下：

$$\sigma_{\mathrm{p}}\% = \mathrm{e}^{-\frac{\zeta \pi}{\sqrt{1-\zeta^2}}} \times 100\%$$

$$t_{\mathrm{p}} = \frac{\pi}{\omega_{\mathrm{d}}}, \omega_{\mathrm{d}} = \omega_{\mathrm{n}} \sqrt{1-\zeta^2}$$

$$t_{\mathrm{r}} = \frac{\pi - \varphi}{\omega_{\mathrm{d}}}, \varphi = \cos^{-1}\zeta$$

$$t_{\mathrm{s}} = \begin{cases} \dfrac{4}{\zeta \omega_{\mathrm{n}}} & \Delta = 2 \\[3mm] \dfrac{3}{\zeta \omega_{\mathrm{n}}} & \Delta = 5 \end{cases}$$

对于临界阻尼、过阻尼典型二阶系统的暂态指标也可以由指标定义计算，但要用数值解法求解超越方程。一般将系统设计成欠阻尼状态，以提高系统响应的快速性，所以，上述公式很重要，要求熟记。

4. 计算举例

例 3.8　典型二阶系统的 $\zeta = 0.6$，$\omega_{\mathrm{n}} = 5$，求 t_{r}，t_{p}，t_{s}，$\sigma_{\mathrm{p}}\%$。

解　$\omega_{\mathrm{d}} = \omega_{\mathrm{n}} \sqrt{1-\zeta^2} = 5 \sqrt{1-0.6^2} = 4$

$$t_{\mathrm{r}} = \frac{\pi - \varphi}{\omega_{\mathrm{d}}} = \frac{\pi - \cos^{-1}0.6}{4} = \frac{\pi - 53.13 \times \frac{\pi}{180}}{4} = \frac{\pi - 0.93}{4}\mathrm{s} = 0.55\mathrm{s}$$

$$t_{\mathrm{p}} = \frac{\pi}{\omega_{\mathrm{d}}} = \frac{\pi}{4}\mathrm{s} = 0.78\mathrm{s}$$

$$t_{\mathrm{s}} = \frac{3}{\zeta \omega_{\mathrm{n}}} = 1\mathrm{s} \quad \Delta = 5$$

$$t_{\mathrm{s}} = \frac{4}{\zeta \omega_{\mathrm{n}}} = 1.33\mathrm{s} \quad \Delta = 2$$

$$\sigma_{\mathrm{p}}\% = \mathrm{e}^{-\frac{\zeta \pi}{\sqrt{1-\zeta^2}}} \times 100\% = 9.48\%$$

例 3.9　要求如图 3.8 所示系统具有暂态性能指标 $\sigma_{\mathrm{p}}\% = 20\%$，$t_{\mathrm{p}} = 1\mathrm{s}$。试确定系统参数 K 和 A，并计算 t_{r}，t_{s}。

解　系统的闭环传递函数为

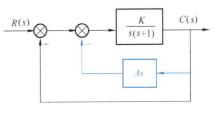

图 3.8　反馈控制系统

$$\frac{C(s)}{R(s)} = \frac{\dfrac{K}{s(s+1)}}{1 + \dfrac{K}{s(s+1)}(1+As)} = \frac{K}{s^2 + (1+KA)s + K}$$

系统为典型二阶系统：$\omega_n^2 = K$，$2\zeta\omega_n = 1 + KA$，由

$$\sigma_p\% = e^{-\frac{\zeta\pi}{\sqrt{1-\zeta^2}}} \times 100\% = 20\%$$

得

$$\frac{\zeta\pi}{\sqrt{1-\zeta^2}} = \ln\frac{1}{0.2} = 1.61$$

$$\zeta = 0.456$$

由

$$t_p = \frac{\pi}{\omega_n\sqrt{1-\zeta^2}} = 1\,\mathrm{s}$$

得

$$\omega_n = \frac{\pi}{\sqrt{1-\zeta^2}} = 3.53\,\mathrm{s}^{-1}$$

则

$$K = \omega_n^2 = 12.46$$

$$A = \frac{2\zeta\omega_n - 1}{K} = 0.178$$

$$t_r = \frac{\pi - \cos^{-1}\zeta}{\omega_n\sqrt{1-\zeta^2}} = \frac{\pi - 1.0973}{3.142}\,\mathrm{s} = 0.65\,\mathrm{s}$$

$$t_s = \frac{4}{\zeta\omega_n} = \frac{4}{1.61}\,\mathrm{s} = 2.5\,\mathrm{s} \quad \Delta = 2$$

$$t_s = \frac{3}{\zeta\omega_n} = \frac{3}{1.61}\,\mathrm{s} = 1.86\,\mathrm{s} \quad \Delta = 5$$

3.2.5 高阶系统暂态性能近似分析

对于高阶系统，不可能用处理二阶系统的方法得到精确解析表达式。为了得到高阶系统性能指标的近似表达式，以便于系统分析和设计，一般采用近似方法。本节介绍主导极点法。

高阶系统的闭环传递函数一般表示为

$$\Phi = \frac{M(s)}{D(s)} = \frac{b_m s^m + b_{m-1}s^{m-1} + \cdots + b_1 s + b_0}{a_n s^n + a_{n-1}s^{n-1} + \cdots + a_1 s + a_0} = \frac{k\prod\limits_{i=1}^{m}(s - z_i)}{\prod\limits_{i=1}^{n}(s - p_i)} \tag{3.36}$$

式中，$M(s)$ 和 $D(s)$ 分别为分子和分母多项式。

高阶系统的闭环极点 p_i 与零点 z_i 在 S 平面上的分布具有多种形式。对于闭环稳定的控制系统来说，其闭环极点均位于 S 平面的左半部，但从各极点与虚轴的距离来说，却有远近之分。闭环极点离虚轴越远，输出量中的暂态分量衰减越快，在输

58

出量达到最大值和稳态值时几乎衰减完毕，因此对上升时间 t_r、超调量 σ_p 影响不大；反之，那些离虚轴近的极点，输出量中的分量衰减缓慢，t_r、σ_p 主要取决于这些极点所对应的分量。因此，一般可将相对远离虚轴的极点所引起的分量忽略不计，而保留那些离虚轴较近的极点所引起的分量。

各暂态分量的具体值还取决于其模 A_i 的大小，有些分量虽然衰减慢，但模值小，对超调量等影响较小；而有些分量衰减得稍快一些，但模值大，对超调量等影响仍然很大，所以应忽略前者，而保留后者。

根据部分分式理论，若某极点远离虚轴与其他零点、极点，则该极点对应的部分分式的系数就小，即相应的暂态分量的模值就小；若某极点邻近有一个零点，则该极点对应的部分分式的系数就小。因此，若某极点邻近有一个零点，则可忽略该极点引起的暂态分量。

忽略上述两类极点所引起的暂态分量后，一般剩下为数不多的几个极点所对应的暂态分量。这些分量对系统的暂态特性起主导作用，因此，通常称这些极点为主导极点。

在控制过程中，通常要求控制系统既具有较高的反应速度，又不能使超调太大，往往将系统设计成具有适当超调的衰减振荡。很多系统常常取一对共轭复数闭环极点作为主导极点。下面针对这种情况导出高阶系统性能指标计算公式。

设高阶系统主导极点为 $p_{1,2} = -\sigma \pm j\omega_d$，则单位阶跃响应可以近似为

$$c(t) = \frac{M(0)}{D(0)} + \left.\frac{M(s)}{s\dot{D}(s)}\right|_{s=p_1} e^{p_1 t} + \left.\frac{M(s)}{s\dot{D}(s)}\right|_{s=p_2} e^{p_2 t}$$

$$= \frac{M(0)}{D(0)} + \left|\frac{M(p_1)}{p_1\dot{D}(p_1)}\right| e^{j\underline{/\frac{M(p_1)}{p_1\dot{D}(p_1)}}} e^{-\sigma t} e^{j\omega_d t} + \left|\frac{M(p_2)}{p_2\dot{D}(p_2)}\right| e^{j\underline{/\frac{M(p_2)}{p_2\dot{D}(p_2)}}} e^{-\sigma t} e^{-j\omega_d t}$$

因为两个主导极点 p_1 与 p_2 共轭，所以 $\dfrac{M(p_2)}{p_2\dot{D}(p_2)}$ 与 $\dfrac{M(p_1)}{p_1\dot{D}(p_1)}$ 共轭，即

$$\left|\frac{M(p_1)}{p_1\dot{D}(p_1)}\right| = \left|\frac{M(p_2)}{p_2\dot{D}(p_2)}\right|$$

$$\underline{/\frac{M(p_1)}{p_1\dot{D}(p_1)}} = -\underline{/\frac{M(p_2)}{p_2\dot{D}(p_2)}}$$

因此有

$$c(t) = \frac{M(0)}{D(0)} + \left|\frac{M(p_1)}{p_1\dot{D}(p_1)}\right| e^{-\sigma t}\left[e^{j\left(\omega_d t + \underline{/\frac{M(p_1)}{p_1\dot{D}(p_1)}}\right)} + e^{-j\left(\omega_d t + \underline{/\frac{M(p_1)}{p_1\dot{D}(p_1)}}\right)} \right]$$

$$= \frac{M(0)}{D(0)} + 2\left|\frac{M(p_1)}{p_1\dot{D}(p_1)}\right| e^{-\sigma t}\cos\left(\omega_d t + \underline{/\frac{M(p_1)}{p_1\dot{D}(p_1)}}\right) \quad t \geqslant 0 \tag{3.37}$$

类似于欠阻尼典型二阶系统暂态性能指标推导过程，可以得到高阶系统暂态性能指标近似表达式为

$$t_p = \frac{1}{\omega_d}\left[\pi - \sum_{i=1}^{m} \theta_{z_i} + \sum_{i=3}^{n} \theta_{p_i} \right] \tag{3.38}$$

$$\sigma_{\mathrm{p}} = \frac{\prod\limits_{i=3}^{n} |p_i|}{\prod\limits_{i=3}^{n} |p_1 - p_i|} \cdot \frac{\prod\limits_{i=1}^{m} |p_1 - z_i|}{\prod\limits_{i=1}^{m} |z_i|} \mathrm{e}^{-\sigma t_{\mathrm{p}}} \qquad (3.39)$$

实际上，从零极点图上可以直接量取 ω_{d}、θ_{z_i}、θ_{p_i} 等，然后由式（3.38）计算超调时间 t_{p}。从零极点图上也可以直接量取 $|p_i|$、$|z_i|$、$|p_1 - p_i|$、$|p_1 - z_i|$ 等，然后由式（3.39）计算超调量 σ_{p}。具体如图 3.9 所示。

分析式（3.38）和式（3.39）可以得到下列几点结论：

1）增加零点使 t_{p} 减小，提高了系统的反应速度，增加的零点越靠近虚轴其作用越显著，而增加极点则相反。

2）若零、极点相距很近，则 $\theta_{z_i} = \theta_{\mathrm{p}_i}$，对 t_{p} 的作用几乎抵消。

3）若除主导闭环极点外，没有其他零、极点，其结果为典型二阶系统的准

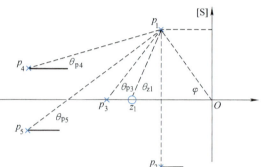

图 3.9 高阶系统零极点图

确的计算公式 $t_{\mathrm{p}} = \dfrac{\pi}{\omega_{\mathrm{d}}}$；若只有一个零点 z_1，则精确结果为 $t_{\mathrm{p}} = \dfrac{1}{\omega_{\mathrm{d}}}(\pi - \theta_{z_1})$。

4）若闭环零点离虚轴较近，$|p_1 - z_i| \gg |z_i|$ 时，σ_{p} 很大。

5）若附加极点离虚轴较近，$|p_1 - p_i| \gg |p_i|$ 时，σ_{p} 很小。

需要指出的是，式（3.38）和式（3.39）是在假设主导极点是一对共轭复数极点情况下得到的，虽然是近似公式，但由它们得到的定性结论是成立的。对于主导极点是一个实数极点的情况，可以得到类似于一阶系统的上升时间或调节时间的计算公式。对于主导极点是两个实数极点或者三个以上的极点时，就不能得到近似计算公式。可以用后面介绍的 MATLAB 软件精确计算高阶系统的暂态性能指标。

3.3 稳态性能分析

控制系统的性能包括暂态性能与稳态性能，对暂态过程关心的是系统的最大偏差和快速性，所以，用超调量、上升时间、调节时间等指标描述过程的暂态性能。当系统的过渡过程结束后，就进入了稳态，这时我们关心系统的输出是不是期望的输出，实际输出与期望输出相差多少，其偏差量称为稳态误差。稳态误差描述了控制系统的控制精度。由于控制系统一般都工作在稳态，稳态精度直接影响到产品的质量，所以，稳态误差在控制系统分析与设计中是一项重要的性能指标。

下面，首先介绍系统误差的定义，然后介绍计算稳态误差的方法。

3.3.1 控制系统稳态误差的定义

在如图 2.11 所示反馈控制系统中，系统的输入信号与主反馈信号之差被定义为系统误差，即

$$e(t) = r(t) - y(t) \tag{3.40}$$

或

$$E(s) = R(s) - Y(s) = R(s) - H(s)C(s) \tag{3.41}$$

$$E(s) = \frac{1}{1 + G(s)H(s)} R(s) = \phi_e(s)R(s) \tag{3.42}$$

式中

$$\phi_e(s) = \frac{1}{1 + G(s)H(s)} \tag{3.43}$$

称为系统误差传递函数。

对式（3.42）进行拉普拉斯反变换，得到时间域中的误差表达式

$$e(t) = \mathcal{L}^{-1}[E(s)] = \mathcal{L}^{-1}[\phi_e(s)R(s)] \tag{3.44}$$

由拉普拉斯变换理论，$e(t)$ 中包含暂态分量 $e_{st}(t)$ 和稳态分量 $e_{ss}(t)$ 两部分，即 $e(t) = e_{st}(t) + e_{ss}(t)$。系统误差信号 $e(t)$ 的稳态分量 $e_{ss}(t)$ 称为稳态误差。因此，系统的稳态误差定义为系统误差的稳态分量。

在实际工程中，很关心稳态误差的终值，下面介绍求取稳态误差终值的方法。

3.3.2　终值定理法

终值定理法是用拉普拉斯变换中的终值定理计算稳态误差终值的方法。

终值定理：设 $\mathcal{L}[f(t)] = F(s)$，且 $sF(s)$ 在 S 右半平面虚轴上没有极点，则

$$f(\infty) = \lim_{t \to \infty} f(t) = \lim_{s \to 0} sF(s)$$

终值定理指出，如果已知 $f(t)$ 的拉普拉斯变换式 $F(s)$，要求出时间函数 $f(t)$ 的终值 $f(\infty)$，则无需先求出 $f(t)$ 再令 $t \to \infty$，只要直接求极限 $\lim_{s \to 0} sF(s)$ 就可以得到。因此，如果要求稳态误差终值 $e(\infty)$，只要求得误差信号的拉普拉斯变换式 $E(s)$，然后直接求极限 $\lim_{s \to 0} sE(s)$ 得到。

终值定理法：设 $sE(s)$ 在 S 右半平面及虚轴上（除原点外）没有极点，则稳态误差的终值 $e_{ss}(\infty)$ 为

$$e_{ss}(\infty) = \lim_{t \to \infty} e(t) = \lim_{s \to 0} sE(s) \tag{3.45}$$

一般由系统的框图比较容易求得 $E(s)$ 的表达式。下面举几个典型的例子说明用终值定理求稳态误差终值的方法。例 3.10 是一个应用基本方法的例子；例 3.11 是一个不满足终值定理的例子；例 3.12 是一个用劳斯稳定判据检查终值定理条件的例子。

例 3.10　已知单位负反馈系统的开环传递函数为 $G(s) = \dfrac{10}{s(s+4)}$，求当系统输入分别为阶跃、速度、加速度信号时的稳态误差。

解　系统误差信号为

$$E(s) = \frac{1}{1 + G(s)} R(s) = \frac{1}{1 + \dfrac{10}{s(s+4)}} R(s) = \frac{s(s+4)}{s^2 + 4s + 10} R(s)$$

1）$r(t) = R$，$R(s) = \dfrac{R}{s}$

$$E(s) = \frac{s(s+4)}{s^2 + 4s + 10} \frac{R}{s} = \frac{R(s+4)}{s^2 + 4s + 10}$$

$$sE(s) = \frac{Rs(s+4)}{s^2+4s+10}$$

因为 $sE(s)$ 有两个极点 $s_{1,2} = -2 \pm j\sqrt{6}$ 位于 S 平面的左半平面，所以满足终值定理条件，因此

$$e_{ss}(\infty) = \lim_{s \to 0} sE(s) = \lim_{s \to 0} \frac{Rs(s+4)}{s^2+4s+10} = 0$$

2）$r(t) = Rt$，$R(s) = \dfrac{R}{s^2}$

$$E(s) = \frac{R(s+4)}{s(s^2+4s+10)}$$

$$sE(s) = \frac{R(s+4)}{s^2+4s+10}$$

$sE(s)$ 满足终值定理条件，所以

$$e_{ss}(\infty) = \lim_{s \to 0} sE(s) = \lim_{s \to 0} \frac{R(s+4)}{s^2+4s+10} = \frac{4R}{10} = \frac{2R}{5}$$

3）$r(t) = \dfrac{1}{2}Rt^2$，$R(s) = \dfrac{R}{s^3}$

$$E(s) = \frac{R(s+4)}{s^2(s^2+4s+10)}$$

$$sE(s) = \frac{R(s+4)}{s(s^2+4s+10)}$$

可见，$sE(s)$ 有两个极点位于 S 平面左半平面，有一个位于坐标原点，严格说来 $sE(s)$ 不满足终值定理条件（原点是虚轴上的一点），不能采用终值定理计算稳态误差。如果勉强使用，显然会有

$$e_{ss}(\infty) = \lim_{s \to 0} sE(s) = \infty$$

但这一无穷大的结果正巧与实际应有的结果相一致。实际上，容易验证当 $sE(s)$ 有一个或多个 $s=0$ 极点时，其稳态误差的终值均为 ∞。因此，当 $sE(s)$ 在原点具有极点时，也用终值定理来求，结果巧合。

例3.11 已知单位负反馈系统的开环传递函数为 $G(s) = \dfrac{1}{Ts}$，当 $r(t) = R\sin(\omega t)$ 时，求系统的稳态误差。

解
$$R(s) = \frac{R\omega}{s^2+\omega^2}$$

$$\phi_e(s) = \frac{1}{1+\dfrac{1}{Ts}} = \frac{Ts}{1+Ts}$$

$$E(s) = \phi_e(s)R(s) = \frac{R\omega Ts}{(1+Ts)(s^2+\omega^2)}$$

$sE(s)$ 在虚轴上存在极点，不满足终值定理条件，不能用终值定理求系统稳态误差。如果用终值定理，则得到下列错误结果

$$e_{ss}(\infty) = \lim_{s \to 0} sE(s) = 0$$

事实上，由 $E(s)$ 通过拉普拉斯反变换求出 $e(t)$ 为

$$e(t) = -\frac{R\omega T}{1 + \omega^2 T^2}e^{-\frac{1}{T}t} + \frac{R\omega T}{1 + \omega^2 T^2}\cos\omega t + \frac{R\omega^2 T^2}{1 + \omega^2 T^2}\sin\omega t$$

$$e_{ss}(t) = \frac{R\omega T}{1 + \omega^2 T^2}\cos\omega t + \frac{R\omega^2 T^2}{1 + \omega^2 T^2}\sin\omega t$$

该系统的稳态误差信号并不存在终值，而是一个不断振荡的过程，$\lim\limits_{t\to\infty}e(t)$ 不存在。所以，应用终值定理求稳态误差时，一定要注意条件。

因为 $sE(s)$ 的分母一般是高次代数方程，很难直接求解判别是否满足终值定理条件，可以用劳斯判据进行判别。

下面举例说明。

例 3.12　已知单位负反馈系统的开环传递函数为 $G(s) = \dfrac{0.5}{s(s+1)(s^2+s+1)}$，求速度信号输入时的稳态误差 $e_{ss}(\infty)$。

解

$$E(s) = \frac{1}{1 + G(s)}R(s) = \frac{1}{1 + \dfrac{0.5}{s(s+1)(s^2+s+1)}}\frac{R}{s^2}$$

$$= \frac{s(s+1)(s^2+s+1)}{s(s+1)(s^2+s+1) + 0.5}\frac{R}{s^2}$$

$$sE(s) = \frac{R(s+1)(s^2+s+1)}{s(s+1)(s^2+s+1) + 0.5}$$

可用劳斯判据判断 $sE(s)$ 是否满足终值定理条件，即判断

$$s(s+1)(s^2+s+1) + 0.5 = 0$$

是否具有正实部根和纯虚根

$$s^4 + 2s^3 + 2s^2 + s + 0.5 = 0$$

列劳斯表

s^4	1	2	0.5
s^3	2	1	
s^2	3	1	
s^1	1		
s^0	1		

劳斯表第一列均同号，所以没有正实部根；且没有出现某一行均为 0，所以没有纯虚根。因此 $sE(s)$ 满足终值定理的条件。稳态误差终值为

$$e_{ss}(\infty) = \lim\limits_{s\to0}sE(s) = \frac{R}{0.5} = 2R$$

3.3.3　误差系数法

下面介绍一种按照控制系统跟踪阶跃输入、斜坡输入、抛物线输入等信号的能力来分类的方法，它体现了系统跟踪典型输入信号的能力。这种分类的优点在于：可以根据系统输入信号的形式及系统类型，迅速判断系统是否存在稳态误差。

实际的输入往往可以认为是这些输入的组合，所以这样的分类是合理的。系统跟踪输入信号的能力主要取决于开环传递函数中所包含的积分环节的数目。可以由这些数目来划分系统类型。

若反馈系统的开环传递函数在原点存在 v 个极点，则根据 v 的大小，定义系统型号或者无差度。

定义 若反馈系统的开环传递函数具有下列形式

$$G(s)H(s) = \frac{k\prod_{i=1}^{m}(s-z_i)}{s^v\prod_{i=1}^{n-v}(s-p_i)} \quad v \geq 0 \tag{3.46}$$

则称系统为 v 型系统，或 v 阶无差系统。其中，v 称为系统的无差度。

系统的型号或无差度是根据开环传递函数中 $s=0$ 的极点的个数确定的，而系统的阶次是根据闭环传递函数的分母多项式的最高阶次确定的。例如，开环传递函数为 $G(s)=\dfrac{10}{s(s+4)}$ 的系统，由于有 1 个 $s=0$ 的极点，所以是 1 型系统。而它的闭环传递函数是 $\Phi(s)=\dfrac{10}{s^2+4s+10}$，分母是 2 次多项式，所以是 2 阶系统。

设 $sE(s)$ 满足终值定理条件。下面分别讨论阶跃输入、斜坡输入、抛物线输入时一般系统的稳态误差，得到误差系数的概念。

1. 阶跃输入

$$E(s) = \frac{1}{1+G(s)H(s)}R(s) = \frac{1}{1+G(s)H(s)}\frac{R}{s}$$

则

$$e_{ss} = \lim_{s\to 0}sE(s) = \lim_{s\to 0}\frac{R}{1+G(s)H(s)} = \frac{R}{1+\lim_{s\to 0}G(s)H(s)} = \frac{R}{1+K_p} \tag{3.47}$$

式中

$$K_p = \lim_{s\to 0}G(s)H(s) \tag{3.48}$$

称为系统的稳态位置误差系数。

对 0 型系统

$$K_p = \lim_{s\to 0}\frac{K(1+\tau_1 s)(1+\tau_2 s)\cdots}{(1+T_1 s)(1+T_2 s)\cdots} = K$$

$$e_{ss} = \frac{R}{1+K}$$

对 1 型或高于 1 型的系统

$$K_p = \lim_{s\to 0}\frac{K(1+\tau_1 s)(1+\tau_2 s)\cdots}{s^v(1+T_1 s)(1+T_2 s)\cdots} = \infty \quad v \geq 1$$

$$e_{ss} = \frac{R}{1+K_p} = 0$$

64

2. 斜坡输入

$$E(s) = \frac{1}{1 + G(s)H(s)}\frac{R}{s^2}$$

$$e_{ss} = \lim_{s \to 0} sE(s) = \lim_{s \to 0} \frac{1}{1 + G(s)H(s)}\frac{R}{s^2} = \lim_{s \to 0} \frac{R}{s + sG(s)H(s)}$$

$$= \frac{R}{\lim\limits_{s \to 0} s + \lim\limits_{s \to 0} sG(s)H(s)} = \frac{R}{\lim\limits_{s \to 0} sG(s)H(s)} = \frac{R}{K_v} \qquad (3.49)$$

式中

$$K_v = \lim_{s \to 0} sG(s)H(s) \qquad (3.50)$$

称为系统的稳态速度误差系数。

对 0 型系统

$$K_v = \lim_{s \to 0} s \frac{K(1 + \tau_1 s)(1 + \tau_2 s)\cdots}{(1 + T_1 s)(1 + T_2 s)\cdots} = 0$$

$$e_{ss} = \frac{R}{K_v} = \infty$$

对 1 型系统

$$K_v = \lim_{s \to 0} s \frac{K(1 + \tau_1 s)(1 + \tau_2 s)\cdots}{s(1 + T_1 s)(1 + T_2 s)\cdots} = K$$

$$e_{ss} = \frac{R}{K_v} = \frac{R}{K}$$

对 2 型系统或高于 2 型的系统

$$K_v = \lim_{s \to 0} s \frac{K(1 + \tau_1 s)(1 + \tau_2 s)\cdots}{s^N(1 + T_1 s)(1 + T_2 s)\cdots} = \infty \quad N \geqslant 2$$

$$e_{ss} = \frac{R}{K_v} = 0$$

3. 抛物线输入

$$E(s) = \frac{1}{1 + G(s)H(s)}\frac{R}{s^3}$$

$$e_{ss} = \lim_{s \to 0} sE(s) = \lim_{s \to 0} \frac{1}{1 + G(s)H(s)}\frac{R}{s^3} = \lim_{s \to 0} \frac{R}{s^2 + s^2 G(s)H(s)}$$

$$= \frac{R}{\lim\limits_{s \to 0} s^2 + \lim\limits_{s \to 0} s^2 G(s)H(s)} = \frac{R}{\lim\limits_{s \to 0} s^2 G(s)H(s)} = \frac{R}{K_a} \qquad (3.51)$$

式中

$$K_a = \lim_{s \to 0} s^2 G(s)H(s) \qquad (3.52)$$

称为系统的稳态加速度误差系数。

对 0 型系统

$$K_a = \lim_{s \to 0} s^2 \frac{K(1 + \tau_1 s)(1 + \tau_2 s)\cdots}{(1 + T_1 s)(1 + T_2 s)\cdots} = 0$$

$$e_{ss} = \frac{R}{K_a} = \infty$$

对 1 型系统

$$K_a = \lim_{s \to 0} s^2 \frac{K(1 + \tau_1 s)\ (1 + \tau_2 s)\ \cdots}{s(1 + T_1 s)\ (1 + T_2 s)\ \cdots} = 0$$

$$e_{ss} = \frac{R}{K_a} = \infty$$

对 2 型系统

$$K_a = \lim_{s \to 0} s^2 \frac{K(1 + \tau_1 s)\ (1 + \tau_2 s)\ \cdots}{s^2(1 + T_1 s)\ (1 + T_2 s)\ \cdots} = K$$

$$e_{ss} = \frac{R}{K_a} = \frac{R}{K}$$

对 3 型系统或高于 3 型的系统

$$K_a = \lim_{s \to 0} s^2 \frac{K(1 + \tau_1 s)\ (1 + \tau_2 s)\ \cdots}{s^N(1 + T_1 s)\ (1 + T_2 s)\ \cdots} = \infty \quad N \geqslant 3$$

$$e_{ss} = \frac{R}{K_a} = 0$$

各种型号的系统在三种典型输入信号作用下的稳态误差见表 3.1。

表 3.1 典型输入信号作用下的稳态误差

系统类型	稳态误差系数			稳态误差终值		
	K_p	K_v	K_a	$r(t) = R$	$r(t) = Rt$	$r(t) = \frac{R}{2}t^2$
0 型	K	0	0	$R/(1 + K)$	∞	∞
1 型	∞	K	0	0	R/K	∞
2 型	∞	∞	K	0	0	R/K
3 型	∞	∞	∞	0	0	0

例如，例 3.10 所示系统是 1 型系统，$K_p = \infty$，$K_v = 2.5$，$K_a = 0$，阶跃输入时，$e_{ss}(\infty) = 0$；速度输入时，$e_{ss}(\infty) = \frac{R}{2.5} = 0.4R$；加速度输入时，$e_{ss}(\infty) = \infty$。

3.3.4 扰动作用下的稳态误差分析

前面已经研究了系统在输入信号作用下的误差信号和稳态误差计算问题。但是，所有控制系统除承受输入信号作用外，还经常处于各种扰动作用之下，如负载力矩的变动、放大器的零位和噪声、电源电压和频率的波动、组成元器件的零位输出和环境温度的变化等。这些扰动使系统输出量偏离期望值，造成误差。

给定输入作用产生的误差通常称为系统给定误差，简称误差；而扰动作用产生的误差称为系统扰动误差。

带有扰动的反馈控制系统的一般框图如图 3.10 所示。

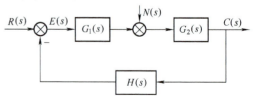

图 3.10 带有扰动的反馈控制系统

由图 3.10 得

$$\begin{cases} E(s) = R(s) - C(s)H(s) \\ C(s) = [G_1(s)E(s) + N(s)]G_2(s) \end{cases}$$

$$E(s) = R(s) - G_1(s)G_2(s)H(s)E(s) - G_2(s)H(S)N(s)$$

系统在参考输入和扰动输入作用下的误差信号的拉普拉斯变换为

$$E(s) = \frac{1}{1 + G_1(s)G_2(s)H(s)}R(s) - \frac{G_2(s)H(s)}{1 + G_1(s)G_2(s)H(s)}N(s) \tag{3.53}$$

定义

$$\Phi_e(s) = \frac{1}{1 + G_1(s)G_2(s)H(s)} \tag{3.54}$$

为给定误差传递函数。

$$\Phi_{eN}(s) = \frac{-G_2(s)H(s)}{1 + G_1(s)G_2(s)H(s)} \tag{3.55}$$

为扰动误差传递函数。则由式（3.53）得

$$E(s) = \Phi_e(s)R(s) + \Phi_{eN}(s)N(s) \tag{3.56}$$

可见，系统的误差等于给定误差与扰动误差的代数和，可以分别计算。计算系统扰动作用下的稳态误差可以应用前面介绍的终值定理法，但误差系数法已不适用。下面举例说明。

例 3.13 在如图 3.10 所示控制系统中，设 $G_1(s) = K_1$，$G_2(s) = \dfrac{K_2}{s}$，$H(s) = 1$，求参考输入和扰动输入为阶跃信号时系统的稳态误差。

解 系统是 1 型系统，参考输入为阶跃信号时系统的稳态误差为 0。下面分析扰动作用下的稳态误差。

考察单位阶跃扰动输入信号的拉普拉斯变换为

$$N(s) = \frac{A}{s} \tag{3.57}$$

则扰动产生的误差 $E_N(s)$ 为

$$E_N(s) = -\frac{\dfrac{K_2}{s}}{1 + K_1\dfrac{K_2}{s}}\frac{A}{s}$$

$$= -\frac{AK_2}{s(s + K_1K_2)}$$

设 $sE_N(s)$ 满足终值定理条件，则

$$e_{Nss}(\infty) = \lim_{s \to 0} sE_N(s) = -\frac{A}{K_1} \tag{3.58}$$

可以看出，虽然系统是 1 型系统，但扰动作用下的稳态误差并不为 0，这是因为前向通道中的积分环节位于扰动点之后。

一般有下列结论：参考输入下的稳态误差与系统整个开环传递函数 $G_1(s)G_2(s)$ $H(s)$ 的积分环节数及传递系数有关。而扰动作用下的稳态误差只与扰动作用点之前的

传递函数 $G_1(s)$ 的积分环节数及传递系数有关。在系统设计中，通常在 $G_1(s)$ 中增加积分环节或增大传递增益，既抑制了参考输入引起的稳态误差，又抑制了扰动输入引起的稳态误差。

3.4 MATLAB 辅助分析控制系统时域性能

3.4.1 控制系统稳定性分析

系统稳定的充分必要条件是系统的特征根都具有负实部，显然，最直接的方法是求出系统全部的特征根。而求解代数方程对于计算机是非常容易的。

例3.14 用 MATLAB 判别例 3.5 系统的稳定性。系统的特征方程为

$$D(s) = s^6 + s^5 - 2s^4 - 3s^3 - 7s^2 - 4s - 4 = 0$$

解 在 MATLAB 窗口中键入如下程序

den = [1, 1, -2, -3, -7, -4, -4];

roots（den）

按回车键后得到如下结果

```
ans =
      2.0000
     -2.0000
     -0.0000 + 1.0000j
     -0.0000 - 1.0000j
     -0.5000 + 0.8660j
     -0.5000 - 0.8660j
```

由于存在一个正实部的特征根，所以系统不稳定，与例 3.5 中结论相同。

3.4.2 控制系统的单位阶跃响应

如果已知系统的传递函数的系数，则可以用 step（num，den）或者 step（num，den，t）得到系统的单位阶跃响应曲线图。

step（num，den）中没有指定时间 t，系统自动生成时间向量，响应曲线图的坐标也是自动标注的。执行该命令能自动画出系统的单位阶跃响应图。

在 MATLAB 中也可以采用命令 step（num，den，t）求系统的单位阶跃响应，其中的时间 t 由用户指定。MATLAB 根据用户给定的时间 t，算出对应的坐标值。执行该命令不能自动画出系统的单位阶跃响应图，而要另加 plot 绘图命令。

例3.15 已知系统的闭环传递函数为

$$\Phi(s) = \frac{15s + 60}{s^4 + 13s^3 + 54s^2 + 82s + 60}$$

用 MATLAB 求系统的暂态性能指标，绘制单位阶跃响应曲线。

解 在 MATLAB 窗口中键入如下程序

t = 0 : 0.01 : 10;

num = [15, 60];

```
den = ［1, 13, 54, 82, 60］;
［y, x, t］ = step (num, den, t);
plot (t, y);
grid on
xlabel ('t'), ylabel ('c (t)')
title ('单位阶跃响应')
maxy = max (y);
yss = y (length (t));
pos = 100 * (maxy - yss)/yss;          //求超调量 $\sigma_P$%
pos
for i = 1:1:1001
    if y (i) = = maxy, n = i; end
end
tp = (n -) * 0.01;                     //求超调时间 $t_P$
tp
for i = 1001: - 1:1
    if y (i) > 1.02 ‖ y(i) < 0.98, m = i;      //$\Delta = 2$
        break;
    end
end
ts = (m - 1) * 0.01;                   //求调节时间 $t_s$
ts
```

键入 Enter 键后得到如下运算结果以及如图 3.11 所示曲线。

```
pos =
    4.3139
tp =
    3.2600
ts =
    4.3300
```

从上面计算结果可知：超调量 4.3139%；超调时间 3.26s；调节时间 4.33s。用鼠标指向图 3.11 所示曲线上任何一点，可以读取该点对应的时间和幅值。

MATLAB 中提供了求系统各种响应的函数，例如求脉冲响应的 impluse 命令、求系统零输入响应的 initial 命令等。

由于 MATLAB 只能在系统参数

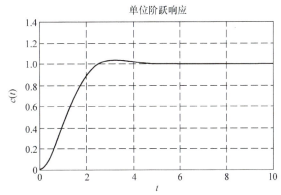

图 3.11　例 3.15 系统的单位阶跃响应

全部给定的情况下进行计算，不能分析系统系数与性能的关系，所以，MATLAB 只能作为分析系统的辅助工具，而不能代替控制理论分析、设计系统。

3.5 本章小结

对控制系统性能的要求，主要是稳定性、暂态性能和稳态性能几个方面。

1. 稳定条件与劳斯稳定判据

线性定常连续系统稳定的充分必要条件是：系统的全部特征根或闭环极点都具有负实部，或者说都位于复平面左半部。

系统稳定的必要条件是：系统特征方程的系数同号，而且都不为零。

熟练掌握劳斯稳定判据。劳斯稳定判据不仅能够判别系统是否稳定，而且能够确定正实部根的个数，也能够具体确定对称于原点的特征根的个数。

2. 暂态性能分析

系统的暂态性能指标主要有超调量、超调时间、上升时间和调节时间等。

熟记欠阻尼典型二阶系统的暂态性能指标公式。掌握高阶系统主导极点的概念，理解高阶系统暂态性能指标公式。

3. 稳态性能分析

稳态误差是衡量控制精度的性能指标。要求掌握稳态误差的概念以及系统型号的定义。熟练掌握稳态误差的终值定理法和误差系数法，熟记典型输入信号作用下系统的稳态误差。

掌握扰动作用下的稳态误差分析方法与主要结论。扰动作用下的稳态误差只与扰动作用点之前的传递函数的积分环节数及传递系数有关。所以在系统设计中，通常在扰动作用点之前的传递函数中增加积分环节或增大传递增益，既抑制了参考输入引起的稳态误差，又抑制了扰动输入引起的稳态误差。

实际练习运用 MATLAB 分析系统稳定性，绘制系统的阶跃响应曲线，并确定系统的暂态性能指标。

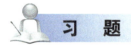 习 题

3.1 已知系统特征方程如下，试用劳斯稳定判据判别系统稳定性，并指出位于右半 S 平面和虚轴上的特征根的数目。

（1） $D(s) = s^5 + s^4 + 4s^3 + 4s^2 + 2s + 1 = 0$

（2） $D(s) = s^6 + 3s^5 + 5s^4 + 9s^3 + 8s^2 + 6s + 4 = 0$

（3） $D(s) = s^5 + 3s^4 + 12s^3 + 20s^2 + 35s + 25 = 0$

（4） $D(s) = s^6 + s^5 - 2s^4 - 3s^3 - 7s^2 - 4s - 4 = 0$

3.2 已知单位反馈系统的开环传递函数为

$$G(s) = \frac{s+2}{s^2(s^3 + 2s^2 + 9s + 10)}$$

试用劳斯稳定判据判别系统稳定性。若系统不稳定，指出位于右半平面和虚轴上的特

征根的数目。

3.3 已知单位负反馈控制系统的开环传递函数为

$$G(s) = \frac{\omega_n^2 K_v}{s(s^2 + 2\zeta\omega_n s + \omega_n^2)}$$

当 $\omega_n = 90s^{-1}$，阻尼比 $\zeta = 0.2$ 时，试确定 K_v 为何值时系统是稳定的。

3.4 已知单位负反馈系统的开环传递函数为

$$G(s) = \frac{K}{s(0.1s+1)(0.5s+1)}$$

确定系统稳定时的 K 值范围。

3.5 已知反馈控制系统的传递函数为 $G(s) = \dfrac{10}{s(s-1)}$，$H(s) = 1 + K_h s$，试确定闭环系统临界稳定时 K_h 的值。

3.6 已知系统的单位阶跃响应为 $c(t) = 1 + 0.2e^{-60t} - 1.2e^{-10t}$，试求：

（1）系统的传递函数；

（2）系统的阻尼比 ζ 和自然振荡频率 ω_n。

3.7 在零初始条件下，控制系统在输入信号 $r(t) = 1(t) + t1(t)$ 作用下的输出响应为 $c(t) = t1(t)$，求系统的传递函数，并确定系统的调节时间 t_s。

3.8 设单位反馈系统的开环传递函数为

$$G(s) = \frac{1}{s(s+1)}$$

试求：系统的上升时间 t_r、超调时间 t_p、超调量 $\sigma_p\%$ 和调节时间 t_s。

3.9 要求题 3.9 图所示系统具有性能指标 $\sigma_p\% = 10\%$，$t_p = 0.5s$。确定系统参数 K 和 A，并计算 t_r，t_s。

3.10 题 3.10 图所示控制系统，为使闭环极点为 $s_{1,2} = -1 \pm j$，试确定 K 和 α 的值，并确定这时系统的超调量。

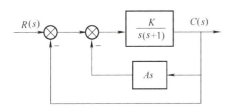

题 3.9 图

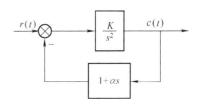

题 3.10 图

3.11 设典型二阶系统的单位阶跃响应曲线如题 3.11 图所示。

（1）求阻尼比 ζ 和自然振荡频率 ω_n；

（2）画出等效的单位反馈系统结构图；

（3）写出相应的开环传递函数。

3.12 单位负反馈控制系统的开环传递函数为

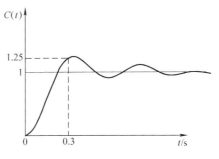

题 3.11 图

$$G(s) = \frac{100}{s(s+10)}$$

试求：

（1）位置误差系数 K_p，速度误差系数 K_v 和加速度误差系数 K_a；

（2）当参考输入 $r(t) = 1 + t + t^2$ 时，系统的稳态误差终值。

3.13 单位负反馈系统的开环传递函数为

$$G(s) = \frac{5}{s(s+1)}$$

（1）求输入信号为 $r_1(t) = 0.1t$ 时系统的稳态误差终值；

（2）求输入信号为 $r_2(t) = 0.01t^2$ 时系统的稳态误差终值。

3.14 单位负反馈系统的开环传递函数为

$$G(s) = \frac{k}{(s+2)(s+5)}$$

求在单位阶跃信号的作用下，稳态误差终值 $e_{ss} = 0.1$ 时的 k 值。

3.15 如题 3.15 图所示控制系统，其中 $e(t)$ 为误差信号。

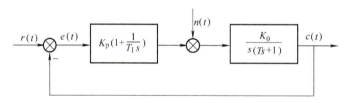

题 3.15 图

（1）求 $r(t) = t$，$n(t) = 0$ 时，系统的稳态误差终值 e_{ss}；

（2）求 $r(t) = 0$，$n(t) = t$ 时，系统的稳态误差终值 e_{ss}；

（3）求 $r(t) = t$，$n(t) = t$ 时，系统的稳态误差终值 e_{ss}；

（4）系统参数 K_0，T，K_p，T_I 变化时，上述结果有何变化？

3.16 电梯垂直位置控制系统的结构如题 3.16 图所示。用劳斯稳定判据确定控制器的放大系数 K 的取值范围，使系统稳定。

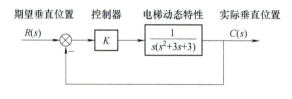

题 3.16 图

3.17 摩托车和驾驶员的稳定性是摩托车设计的关键。驾驶员和摩托车组成的控制系统的开环传递函数为

$$G(s)H(s) = \frac{k}{s(s+20)(s^2+10s+125)}$$

用劳斯稳定判据确定 k 的取值范围，使系统稳定。

3.18　用温度计测量容器里的水温，发现需要 1min 才能指示出实际水温的 98%。假设温度计可用传递函数 $\dfrac{1}{Ts+1}$ 描述，求

（1）该温度计指示出实际水温从 10% 变化到 90% 所需的时间是多少？

（2）如果给容器加热，使水温以 10℃/min 的速度线性变化，温度计的稳态指示误差是多少？

3.19　现代汽车一般采用有源悬置系统，采用电动机调整减震器的阀，提供舒适而可靠的驾驶。控制系统框图如题 3.19 图所示。选择 K 和 a，使得系统的调节时间（按 2%）小于等于 0.5s，在单位速度输入作用下的稳态误差小于 0.1s。

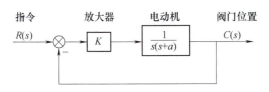

题 3.19 图

3.20　应用激光进行外科手术时，需要有高精度的位置和速度响应。激光器位置控制系统如题 3.20 图所示。其中，操纵激光器的直流电动机的电动机励磁时间常数 $\tau_1 = 0.1$s，电动机和载荷的组合时间常数 $\tau_2 = 0.2$s。选择放大器增益 K 使得对速度输入 $r(t) = At$（其中，$A = 1$mm/s）的稳态误差不超过 0.1mm。

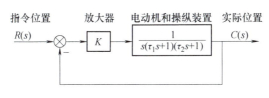

题 3.20 图

3.21　轮船的转向控制系统如题 3.21 图所示。

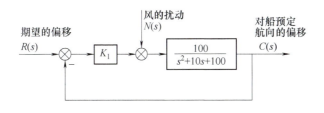

题 3.21 图

求风的扰动作用为单位阶跃输入时产生的航向稳态误差。

读一读

稳定性分析奠基者 A. M. Lyapunov

1892 年，俄国伟大的数学力学家 A. M. Lyapunov（李亚普诺夫）（1857. 5. 25—1918. 11. 3）发表了具有深远历史意义的博士论文《运动稳定性的一般问题》，给出了最一般的稳定性定义，提出了李亚普诺夫稳定判据。李亚普诺夫稳定判据不仅可用于线性定常系统，而且可用于非线性、时变系统的稳定性分析，是当今自动控制理论中最重要的稳定性分析方法。

Lyapunov 是一位天才的数学家，曾师从于大数学家 P. L. Chebyshev（车比晓夫），和 A. A. Markov（马尔可夫）是同校同学，并同他们始终保持着良好的关系。他们共同在概率论方面做出过杰出的成绩，如关于矩的马尔可夫不等式、车比晓夫不等式和李亚普诺夫不等式。李亚普诺夫还在相当一般的条件下证明了中心极限定理。

Lyapunov 的硕士、博士学位论文都被译成法文发表，1949 年普林斯顿大学出版社重印了法文版。1992 年在 Lyapunov 博士学位论文发表 100 周年之际，*International Journal of Control*（《国际控制杂志》）以专集形式发表了 Lyapunov 博士学位论文的英译版，以纪念他在控制理论领域的卓越成就。

代数稳定判据创立者 E. J. Routh 与 A. Hurwitz

E. J. Routh

A. Hurwitz

　　两年一次的剑桥 Adams Prize（亚当斯奖）授予在评奖委员会所选科学主题方面的最佳论文。1877 年的 Adams Prize 的主题是"运动的稳定性"。E. J. Routh（劳斯）（1831—1907）以其根据多项式的系数决定多项式在右半平面根的数目的论文夺得桂冠。这一成果现在称为 Routh 稳定判据。

　　Routh 出生在加拿大魁北克省，11 岁那年回到英国，在 De Morgan（德·摩根）指导下学习数学。在剑桥大学的毕业考试中，他获得第一名，并得到了"Senior Wrangler"的荣誉称号。尽管 Maxwell 当时被称为最聪明的人，但仍排在 Routh 之后。Routh 毕业后从事私人数学教师工作。1855—1888 年 Routh 教了 600 多名学生，其中有 27 位获得"Senior Wrangler"称号，创造了无可匹敌的业绩。

　　当时的科学交流还不够发达，1895 年，瑞士数学家 A. Hurwitz（赫尔维茨）在不了解 Routh 工作的情况下，在为瑞士一个电厂的汽轮机设计调速系统，从数学角度考虑其可行性，给出了根据多项式的系数决定多项式的根是否都具有负实部的另一种方法。Hurwitz 不是纯理论研究，而是解决火电厂的实际问题，成为把控制理论应用到实际控制的第一人。

　　后人已经证明 Hurwitz 稳定判据的稳定条件同 Routh 稳定判据的稳定条件在本质上是一致的。因此，这两种稳定判据现在被称为 Routh – Hurwitz 代数稳定判据。

第4章

频 率 法

前面介绍的时域分析法是通过求解系统的微分方程来研究和分析系统的。当系统是高阶系统时，求解系统的微分方程很困难；另外，系统的时间响应没有明确反映出系统响应与系统结构、参数之间的关系，一旦系统不能满足控制要求，就很难确定如何调整系统的结构和参数。控制系统的频率法是经典控制理论中分析和设计系统的主要方法，在一定程度上克服了时域分析法的不足。根据系统的频率特性，可以直观地分析系统的稳定性。根据系统频率特性选择系统的结构和参数，使之满足控制要求。

本章首先介绍频率特性的概念，然后着重介绍典型环节的伯德图、绘制控制系统伯德图的方法以及由伯德图确定最小相位系统传递函数的方法；着重介绍绘制控制系统奈奎斯特图的方法以及奈奎斯特稳定判据；介绍幅值裕度和相位裕度的定义以及在奈奎斯特图和伯德图上分析控制系统相对稳定性的方法；最后，简单介绍运用 MATLAB 绘制系统伯德图，并确定系统的幅值裕度和相位裕度的方法。

4.1 频率特性

4.1.1 频率特性的定义

从数学意义上讲，傅里叶变换与拉普拉斯变换是等价的。可以根据傅里叶变换建立系统的数学模型。本节介绍工程上广泛应用的频率特性数学模型。与传递函数一样，频率特性仅适用于线性定常系统。

定义 线性定常系统的输出量的傅里叶变换 $Y(j\omega)$ 与输入量的傅里叶变换 $R(j\omega)$ 之比，定义为系统的频率特性，记为 $G(j\omega)$ ，即

$$G(j\omega) = \frac{Y(j\omega)}{R(j\omega)} \tag{4.1}$$

从数学意义上，频率特性与传递函数存在下列简单的关系

$$G(j\omega) = G(s)\big|_{s=j\omega} \tag{4.2}$$

即，将系统传递函数中的 s 用 $j\omega$ 替换后得到系统的频率特性；反之，将系统频率特性中的 $j\omega$ 用 s 替换得到系统的传递函数。

根据上述关系，由传递函数求取系统的频率特性。例如，惯性环节

$$G(s) = \frac{1}{Ts+1}$$

的频率特性为

$$G(j\omega) = \frac{1}{j\omega T + 1}$$

频率特性一般是复变函数，表示为指数形式

$$G(j\omega) = |G(j\omega)| e^{j\angle G(j\omega)} \tag{4.3}$$

或者表示为幅角形式

$$G(j\omega) = |G(j\omega)| \angle G(j\omega) \tag{4.4}$$

记 $A(\omega) = |G(j\omega)|$，称为幅频特性；$\varphi(\omega) = \angle G(j\omega)$，称为相频特性。频率特性也可以表示为代数形式

$$G(j\omega) = \mathrm{Re}[G(j\omega)] + j\mathrm{Im}[G(j\omega)] \tag{4.5}$$

式中，$\mathrm{Re}[G(j\omega)]$ 表示取 $G(j\omega)$ 的实部，$\mathrm{Im}[G(j\omega)]$ 表示取 $G(j\omega)$ 的虚部。记 $U(\omega) = \mathrm{Re}[G(j\omega)]$，称为实频特性；$V(\omega) = \mathrm{Im}[G(j\omega)]$，称为虚频特性。

显然，代数形式和指数形式（或幅角形式）存在下列关系

$$A(\omega) = \sqrt{U^2(\omega) + V^2(\omega)} \tag{4.6}$$

$$\varphi(\omega) = \tan^{-1}\frac{V(\omega)}{U(\omega)} \tag{4.7}$$

例如，惯性环节的指数形式、幅角形式和代数形式分别为

$$G(j\omega) = \frac{1}{j\omega T + 1} = \frac{1}{\sqrt{1 + \omega^2 T^2}} e^{-\tan^{-1}\omega T} = \frac{1}{\sqrt{1 + \omega^2 T^2}} \angle -\tan^{-1}\omega T$$

$$= \frac{1}{1 + \omega^2 T^2} + j\frac{-\omega T}{1 + \omega^2 T^2}$$

频率特性是一种很重要的数学模型，基于频率特性分析与设计控制系统的频率法是工程上最常用的方法，是本课程的重点内容之一。

4.1.2 频率响应

正弦输入信号作用下线性定常系统的稳态响应称为系统的频率响应。

线性定常系统的频率响应是同频率的正弦信号，其幅值为频率特性的幅值与输入信号幅值的乘积，相位为频率特性的相位与正弦输入信号的相位之和，即

$$y_{ss}(t) = R|G(j\omega)|\sin(\omega t + \angle G(j\omega)) \tag{4.8}$$

利用频率特性的这一性质，很容易求取系统在正弦输入下信号的稳态解。例如，用频率特性求取线性系统在正弦输入作用下的稳态误差

$$e_{ss}(t) = R|\Phi_e(j\omega)|\sin(\omega t + \angle \Phi_e(j\omega)) \tag{4.9}$$

例4.1 已知单位反馈系统的开环传递函数为 $G(s) = \dfrac{1}{Ts}$，当 $r(t) = R\sin(\omega t)$ 时，求系统的稳态误差。

解

$$\Phi_e(j\omega) = \frac{j\omega T}{1 + j\omega T}$$

$$|\Phi_e(j\omega)| = \frac{\omega T}{\sqrt{1 + \omega^2 T^2}}, \quad \angle \Phi_e(j\omega) = \frac{\pi}{2} - \tan^{-1}\omega T$$

所以

$$e_{ss}(t) = R\frac{\omega T}{\sqrt{1+\omega^2 T^2}}\sin\left(\omega t + \frac{\pi}{2} - \tan^{-1}\omega T\right) = \frac{R\omega T}{1+\omega^2 T^2}\cos\omega t + \frac{R\omega^2 T^2}{1+\omega^2 T^2}\sin\omega t$$

4.1.3 频率特性的几何表示

频率法是一种图解方法，可在各种频率特性图上分析、设计系统。频率特性的图形表示形式主要有奈奎斯特（Nyquist）图、伯德（Bode）图和尼柯尔斯（Nichols）图等频率特性图。

原则上，这三种图都可以用来对系统进行分析和设计，但各有优点和缺点。例如，在奈奎斯特图上容易分析系统的稳定性，但由于难以精确绘制奈奎斯特图，所以，在奈奎斯特图上分析系统的暂态性能指标和进行系统设计是不合适的。与之相反，由于伯德图能够比较精确地绘制，所以，可以在伯德图上进行系统分析与设计。但是，在伯德图上进行系统稳定性分析，不及奈奎斯特图直观，尤其是在 $\omega = 0$ 附近处理很不方便，初学者不容易掌握。所以，一般在奈奎斯特图上分析系统稳定性，在伯德图上确定系统的相对稳定性和开环频域指标。在尼柯尔斯图上容易分析系统的闭环频域指标，但绘制尼柯尔斯图比较麻烦，而且，在尼柯尔斯图上分析、设计系统也不太方便，所以，现在很少用尼柯尔斯图分析与设计系统。

本章着重介绍在奈奎斯特图上分析系统的稳定性，在伯德图上分析系统的相对稳定性指标。下面简单介绍一下奈奎斯特图和伯德图。

1. 奈奎斯特图

在极坐标系中，奈奎斯特图是以 ω 为参变量，$|G(j\omega)|$ 为极径，$\angle G(j\omega)$ 为极角的频率特性图，称为幅相频率特性图。

在直角坐标系中，奈奎斯特图以 ω 为参变量，$U(\omega) = \mathrm{Re}[G(j\omega)]$ 为横坐标，$V(\omega) = \mathrm{Im}[G(j\omega)]$ 为纵坐标的频率特性图。

一般将极坐标系的极点和直角坐标系的原点重合，将极坐标系的极径和直角坐标系的横坐标正方向重合。

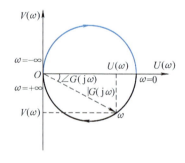

图 4.1 惯性环节的奈奎斯特图

例如，惯性环节 $G(j\omega) = \dfrac{1}{1+j\omega T}$ 的奈奎斯特图如图 4.1 所示。其中

$$|G(j\omega)| = \frac{1}{\sqrt{1+(\omega T)^2}}$$

$$\angle G(j\omega) = -\tan^{-1}(\omega T)$$

$$U(\omega) = \frac{1}{1+(\omega T)^2}$$

$$V(\omega) = \frac{-\omega T}{1+(\omega T)^2}$$

关于奈奎斯特图的具体绘制方法，将在介绍奈奎斯特稳定判据时详细介绍。

2. 伯德图

伯德图的坐标系如图 4.2 所示。伯德图由两幅图组成。一幅是对数幅频特性图，

在图 4.2a 所示坐标系中绘制。横坐标是频率 ω，但是以对数分度，纵坐标是幅频特性的分贝值即 $20\lg|G(j\omega)|$，表明了幅频特性与频率的关系。另一幅是对数相频特性图，在图 4.2b 所示坐标系中绘制。横坐标仍然是频率 ω，以对数分度，纵坐标是相位角 $\angle G(j\omega)$，线性分度，表明了相频特性与频率的关系。

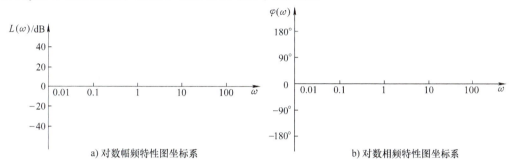

a) 对数幅频特性图坐标系　　　　　　　　　b) 对数相频特性图坐标系

图 4.2　伯德图的坐标系

在横坐标 ω 的对数分度中，频率每变化十倍，横坐标的间隔距离增加一个单位长度，称为一个十倍频程。每个十倍频程中，ω 与 $\lg\omega$ 的关系见表 4.1，相应的坐标刻度如图 4.3所示。

表 4.1　对数分度表

ω	1	2	3	4	5	6	7	8	9	10
$\lg\omega$	0	0.301	0.477	0.602	0.699	0.778	0.845	0.903	0.954	1

图 4.3　对数坐标刻度

在伯德图中，横坐标是以频率 ω 的对数 $\lg\omega$ 分度的，但坐标上标的仍然是 ω 的值。横坐标 ω 以对数分度，能够将 $\omega=0\to\infty$ 紧凑地表示在一张图上，既能够清楚地表明频率特性的低频、中频段这些重要频段的频率特性，也能够大概地表示高频段部分的频率特性。对数幅频特性的纵坐标采用分贝（dB），具有鲜明的物理意义，也能将取值范围为 $0\to\infty$ 的幅频特性紧凑地表示在一张图上，特别是采用对数坐标后，幅频特性曲线能够用一些直线近似，大大地简化了伯德图的绘制。

4.2　典型环节的伯德图

控制系统通常是由一些典型环节通过一定的连接方式连接而成的。系统的伯德图是典型环节伯德图的叠加。因此，熟悉典型环节的伯德图，无论是对绘制一般系统的伯德图，还是用伯德图分析与设计系统都是必要的。需要指出的是，系统的奈奎斯特图就不是典型环节奈奎斯特图的叠加。因此，下面首先详细讨论典型环节的伯德图。

1. 放大环节

$$G(j\omega) = K \tag{4.10a}$$

其对数幅频特性和相频特性分别为

$$L(\omega) = 20\lg|G(j\omega)| = 20\lg|K| = \begin{cases} \geq 0 & |K| \geq 1 \\ < 0 & |K| < 1 \end{cases} \tag{4.10b}$$

$$\varphi(\omega) = \angle G(j\omega) = \begin{cases} 0 & K \geqslant 0 \\ -180° & K < 0 \end{cases} \qquad (4.10c)$$

放大环节的频率特性是一个与频率 ω 无关的常数，其对数幅频特性和对数相频特性都是一条水平直线，如图 4.4 所示。

2. 积分环节

$$G(j\omega) = \frac{1}{j\omega} \qquad (4.11a)$$

$$L(\omega) = 20\lg |G(j\omega)| = -20\lg\omega \qquad (4.11b)$$

$$\varphi(\omega) = \angle G(j\omega) = -\frac{\pi}{2} \qquad (4.11c)$$

对数幅频特性是一条斜率为 -20dB/dec 的直线。对数相频特性与频率 ω 无关，是一条 $-90°$ 水平线。积分环节的伯德图如图 4.5 所示。

3. 微分环节

$$G(j\omega) = j\omega \qquad (4.12a)$$

$$L(\omega) = 20\lg |G(j\omega)| = 20\lg\omega \qquad (4.12b)$$

$$\varphi(\omega) = \angle G(j\omega) = \frac{\pi}{2} \qquad (4.12c)$$

对数幅频特性是一条 20dB/dec 直线。对数相频特性与频率 ω 无关，是一条 $90°$ 水平线。微分环节的伯德图如图 4.6 所示。

4. 惯性环节

$$G(j\omega) = \frac{1}{1 + j\omega T} \qquad (4.13a)$$

$$L(\omega) = 20\lg |G(j\omega)| = -20\lg \sqrt{1 + \omega^2 T^2} \qquad (4.13b)$$

$$\varphi(\omega) = \angle G(j\omega) = -\tan^{-1}\omega T \qquad (4.13c)$$

逐点取 ω 的值，可以精确地绘制出惯性环节的伯德图，如图 4.7 所示。

在用伯德图对系统进行初步分析与设计时，可以用图 4.7 中虚线所示的渐近线近似。事实上，用渐近线代替精确曲线的误差，在转折频率 $\omega = 1/T$ 处最大，最大误差为

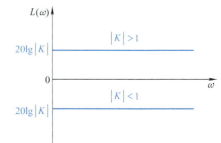

图 4.4 放大环节的伯德图

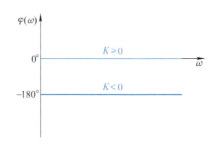

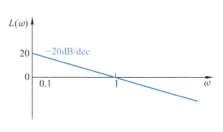

图 4.5 积分环节的伯德图

$$\Delta L(\omega) \bigg|_{\omega = \frac{1}{T}} = -20\lg \sqrt{1 + \left(\frac{1}{T}T\right)^2} = -3\text{dB} \qquad (4.14)$$

可见，对于惯性环节的频率特性，用渐近线代替对数幅频特性曲线的精确曲线所产生的误差不超过 3dB，对系统的响应不产生太大的影响，在工程上是容许的。当精度要求较高时，可以对渐进线进行修正。

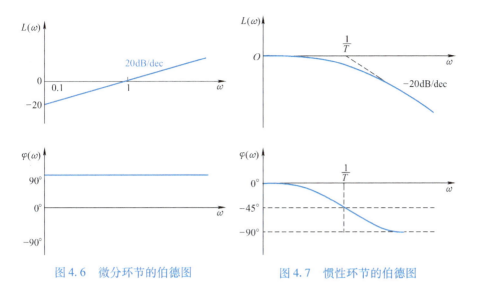

图 4.6 微分环节的伯德图　　　　图 4.7 惯性环节的伯德图

对于对数相频特性，一般应精确绘制。注意，惯性环节的对数相频特性曲线的形状只与坐标的刻度有关，与参数 T 无关。当参数 T 改变时，曲线只是向左或者向右平移，其形状不变。

5. 一阶微分环节

$$G(j\omega) = 1 + j\omega T \tag{4.15a}$$

$$L(\omega) = 20\lg |G(j\omega)| = 20\lg \sqrt{1 + \omega^2 T^2} \tag{4.15b}$$

$$\varphi(\omega) = \angle G(j\omega) = \tan^{-1}\omega T \tag{4.15c}$$

将式（4.15）与式（4.13）对比可见，一阶微分环节的对数幅频特性、相频特性与惯性环节只差一个负号，两者的伯德图对称于横轴。一阶微分环节的伯德图如图 4.8 所示。

6. 振荡环节

$$G(j\omega) = \frac{1}{T^2(j\omega)^2 + 2\zeta T(j\omega) + 1} \tag{4.16a}$$

$$L(\omega) = -20\lg \sqrt{(1 - \omega^2 T^2)^2 + (2\zeta\omega T)^2} \tag{4.16b}$$

$$\varphi(\omega) = -\tan^{-1}\frac{2\zeta\omega T}{1 - \omega^2 T^2} \tag{4.16c}$$

振荡环节的幅频特性和相频特性不仅与参数 T 有关，而且与阻尼比 ζ 有关，要精确绘制伯德图比较麻烦。初步分析与设计系统时，可以采用渐近线，必要时加以修正。下面讨论振荡环节的对数幅频特性曲线的渐近线。

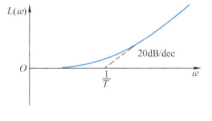

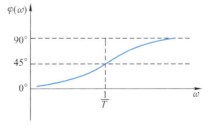

图 4.8 一阶微分环节的伯德图

当 $\omega \ll 1/T$ 时，$L(\omega) \approx 0\text{dB}$，即振荡环节的对数幅频特性曲线的低频段的渐近线是 0dB 的水平线。当 $\omega \gg 1/T$ 时，$L(\omega) \approx$

$-20\lg(\omega T)^2 = -40\lg\omega T$，即振荡环节对数幅频特性曲线的高频段的渐近线是斜率为 $-40\mathrm{dB/dec}$ 的直线。两直线交于 $\omega = \omega_n = 1/T$ 处，如图 4.9 中虚线所示。

显然，在中频段即在 $\omega = 1/T$ 附近，用渐近线代替精确曲线有误差。在转折频率 $\omega = \omega_n = 1/T$ 处，误差为

$$L(\omega_n) = 20\lg\frac{1}{2\zeta} \tag{4.17}$$

为了确定最大误差 L_{max} 及其相应的频率 ω_{max}，令 $\left.\dfrac{\mathrm{d}L(\omega)}{\mathrm{d}\omega}\right|_{\omega=\omega_{max}} = 0$，得

$$\omega_{max} = \frac{1}{T}\sqrt{1-2\zeta^2} = \omega_n\sqrt{1-2\zeta^2} \tag{4.18}$$

$$L_{max} = 20\lg\frac{1}{2\zeta\sqrt{1-\zeta^2}} \tag{4.19}$$

由式（4.18）可见，$\omega_{max} < \omega_n$，而且，仅当 $1-2\zeta^2 \geq 0$，即当 $\zeta \leq 0.707$ 时，才出现峰值 L_{max}。

根据 L_{max} 或者 $L(\omega_n)$，不难画出振荡环节对数幅频特性曲线的比较精确的形状，如图 4.9 中实线所示。振荡环节的相频特性曲线如图 4.9 中所示，其中 $\varphi(\omega_n) = -90°$。

7. 二阶微分环节

$$G(j\omega) = T^2(j\omega)^2 + 2\zeta T(j\omega) + 1 \tag{4.20a}$$

$$L(\omega) = 20\lg\sqrt{(1-\omega^2 T^2)^2 + (2\zeta\omega T)^2} \tag{4.20b}$$

$$\varphi(\omega) = \tan^{-1}\frac{2\zeta\omega T}{1-\omega^2 T^2} \tag{4.20c}$$

将式（4.20）与式（4.16）对比可见，二阶微分环节的对数幅频特性、相频特性与振荡环节的对数幅频特性、相频特性只差一个负号，因此，两者的伯德图对称于横轴。利用对称性画出二阶微分环节的伯德图，如图 4.10 所示。

8. 不稳定环节

不稳定的惯性、振荡、一阶微分和二阶微分环节，分别和惯性、振荡、一阶微分和二阶微分环节具有相同的幅频特性，它们的对数幅频特性曲线形状分别相同，相频特性曲线也有密切的关系。例如，对于不稳定惯性环节

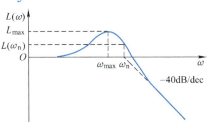

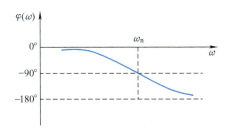

图 4.9　振荡环节的伯德图

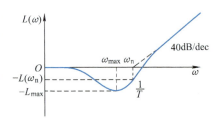

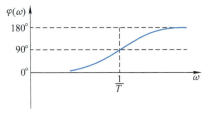

图 4.10　二阶微分环节的伯德图

$$G(j\omega) = \frac{1}{j\omega T - 1} \tag{4.21a}$$

$$L(\omega) = 20\lg |G(j\omega)| = -20\lg \sqrt{1 + \omega^2 T^2} \tag{4.21b}$$

$$\varphi(\omega) = \angle G(j\omega) = -(180° - \tan^{-1}\omega T) \tag{4.21c}$$

可见，不稳定惯性环节与惯性环节具有相同的对数幅频特性，对数相频特性对称于 $-90°$ 的水平线。类似上述分析，不稳定振荡环节与振荡环节的对数相频特性对称于 $-180°$ 的水平线；不稳定一阶微分环节与一阶微分环节的对数相频特性对称于 $90°$ 的水平线；不稳定二阶微分环节与二阶微分环节的对数相频特性对称于 $180°$ 的水平线。它们的伯德图如图 4.11 和图 4.12 所示。

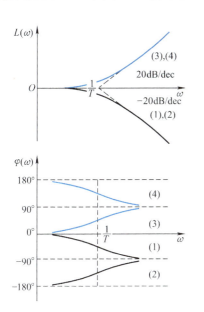 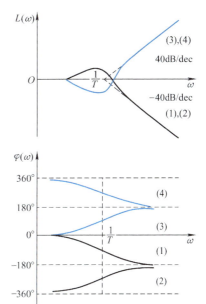

图 4.11　不稳定惯性、一阶微分环节的伯德图　　图 4.12　不稳定振荡、二阶微分环节的伯德图

4.3　控制系统开环频率特性的伯德图

控制系统开环频率特性的伯德图是频域分析、设计系统的基础。

根据典型环节的伯德图，容易绘制出系统开环频率特性的伯德图。开环频率特性的对数幅频特性、相频特性曲线是各个环节的对数幅频特性、相频特性曲线的叠加。画出各个环节的对数幅频特性和相频特性曲线，然后进行叠加，即可得到开环频率特性的对数幅频特性、相频特性曲线。

由于典型环节的对数幅频特性的渐近线由斜率为 $20l\text{dB/dec}$ 的直线组成，所以叠加后仍然是由斜率为 $20l\text{dB/dec}$ 的直线组成。因此，可以先确定对数幅频特性低频段的渐近线，然后根据转折频率处斜率的变化，直接画出对数幅频特性曲线。

绘制伯德图的一般步骤：

1）将传递函数写成伯德标准型，确定开环传递系数和各转折频率。

2）绘制对数坐标，并将各个转折频率标注在坐标轴上。

3）确定低频段。

下面讨论确定低频段的一般方法。

开环对数幅频特性在第一个转折频率以前的部分称为低频段。对数幅频特性在和 0dB 线交点处的频率附近的频段称为中频段，交点频率称为开环截止频率，或称穿越频率。在最后一个转折频率以后的频段称为高频段。注意，低频段与中频段之间，中频段与高频段之间没有明显的界限。

因为在第一个转折频率以前，惯性、振荡、一阶和二阶微分环节等的对数幅频特性的渐近线都为 0dB，所以，对数幅频特性渐近线的低频段仅决定于比例、微分和积分这几个环节。v 型系统的对数幅频特性的低频段近似为

$$L(\omega) \approx 20\lg\frac{K}{\omega^v} \tag{4.22a}$$

当已知低频段上某个频率的幅值时，用下式计算

$$K = \omega^v 10^{\frac{L(\omega)}{20}} \tag{4.22b}$$

特别是当 $\omega = 1$ 时，$L(1) = 20\lg K$，可见，对于任何型号的系统，对数幅频特性的低频段或者其延长线在 $\omega = 1$ 处的幅值总是 $20\lg K$。因此，对数幅频特性的低频段可以用下述方法确定。

对于 0 型系统，作一条高度为 $20\lg K$ 的水平线（0dB/dec 的直线）；对于 1 型系统，过 $\omega = 1$，$L(1) = 20\lg K$ 这一点，作一条斜率为 -20dB/dec 的直线；对于 2 型系统，过 $\omega = 1$，$L(1) = 20\lg K$ 这一点，作一条斜率为 -40dB/dec 的直线。上面作出的直线上在第一个转折频率之前的那一部分即为对数幅频特性的低频段。

实际上，除了上面的确定方法，还有其他的方法。由式（4.22a）可见，对于 1 型系统，当 $\omega = K$ 时，$L(\omega) = 0$，因此，低频段或其延长线在 $\omega = K$ 时与横轴相交。在 $\omega = K$ 处作一条 -20dB/dec 的斜线，在这条斜线上第一个转折频率之前的那一部分即为 1 型系统的低频段。对于 2 型系统，当 $\omega = \sqrt{K}$ 时，$L(\omega) = 0$，低频段或其延长线在 $\omega = \sqrt{K}$ 时与横轴相交。在 $\omega = \sqrt{K}$ 处作一条 -40dB/dec 的斜线，在这条斜线上第一个转折频率之前的那一部分即为 2 型系统的低频段。

4）绘制开环对数幅频特性的渐近线。

将低频段延伸到下一个转折频率处。如果该转折频率是惯性环节的转折频率，那么，开环对数幅频特性的渐近线下降 20dB/dec；如果该转折频率是振荡环节的转折频率，那么，开环对数幅频特性的渐近线下降 40dB/dec；如果该转折频率是一阶微分环节的转折频率，那么，开环对数幅频特性的渐近线增加 20dB/dec；如果该转折频率是二阶微分环节的转折频率，那么，开环对数幅频特性的渐近线增加 40dB/dec。然后再延伸到下一个转折频率，并对渐近线的斜率进行同样的处理，一直到最后一个转折频率，就能绘制出整个开环对数幅频特性的渐近线。

5）在转折频率处进行适当修正，可以得到较为准确的对数幅频特性。

对于惯性环节和一阶微分环节，可以在转折频率处减少或增加 3dB。对于振荡环节和二阶微分环节，可以根据式（4.17）求出转折频率处的误差值 $L(\omega_n)$，或者根据

式（4.19)求出最大误差值 L_{max}，然后对对数幅频特性曲线进行修正。

6）绘制相频特性曲线。

由于曲线的叠加仍然是曲线，没有明显的规律，所以，一般先绘制各个环节的对数相频特性曲线，然后逐点叠加得到对数相频特性曲线。一般在一些特征点上进行叠加，如各个转折频率处，不像对数幅频特性曲线有简便的绘制方法。

下面分别举例说明0型、1型、2型系统的伯德图的具体绘制方法。

例4.2 系统的开环传递函数为

$$G(s)H(s) = \frac{0.5}{(s + 0.5)(s + 0.1)}$$

解 1）将传递函数写成伯德标准型

$$G(s)H(s) = \frac{10}{\left(1 + \frac{1}{0.1}s\right)\left(1 + \frac{1}{0.5}s\right)}$$

系统的开环频率特性为

$$G(j\omega)H(j\omega) = \frac{10}{\left(1 + \frac{1}{0.1}j\omega\right)\left(1 + \frac{1}{0.5}j\omega\right)}$$

由伯德标准型容易看出，开环传递系数 $K = 10$，转折频率 $\omega_1 = 0.1$，$\omega_2 = 0.5$。

2）绘制对数坐标，并将各个转折频率标注在坐标轴上。

3）确定低频段。在本例中，因为没有微分和积分环节，只有比例环节，所以，对数幅频特性的低频段是0dB/dec 的水平线，高度为

$$20\lg K = 20\lg 10 = 20\mathrm{dB}$$

4）绘制开环对数幅频特性的渐近线。将低频段延伸到第一个转折频率 $\omega_1 = 0.1$ 处。因为第一个转折频率是惯性环节的转折频率，所以，开环对数幅频特性的渐近线下降 20dB/dec，再延伸到第二个转折频率 $\omega_2 = 0.5$ 处，因为也是惯性环节，所以再下降 20dB/dec，如图4.13中虚线所示。

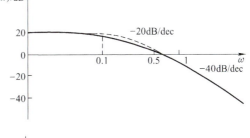

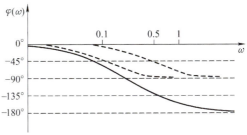

5）绘制相频特性曲线。绘制各个环节的对数相频特性曲线，然后逐点叠加。

图4.13 例4.2的伯德图

6）修正对数幅频特性曲线。本例中只有惯性环节，所以在转折频率 $\omega_1 = 0.1$ 和 $\omega_2 = 0.5$ 处减少3dB，如图4.13中实线所示。

例4.3 系统的开环传递函数为

$$G(s)H(s) = \frac{2000(s + 5)}{s(s + 2)(s^2 + 4s + 100)}$$

解 1）将传递函数写成伯德标准型

$$G(s)H(s) = \frac{50\left(1 + \frac{1}{5}s\right)}{s\left(1 + \frac{1}{2}s\right)\left[1 + 2\frac{0.2}{10}s + \left(\frac{s}{10}\right)^2\right]}$$

系统的开环频率特性为

$$G(j\omega)H(j\omega) = \frac{50\left(1 + \frac{1}{5}j\omega\right)}{j\omega\left(1 + \frac{1}{2}j\omega\right)\left[1 + 2\frac{0.2}{10}j\omega + \left(j\frac{\omega}{10}\right)^2\right]}$$

开环传递系数为 $K = 50$，转折频率为 $\omega_1 = 2$，$\omega_2 = 5$，$\omega_3 = 10$。

2）绘制对数坐标，并将各个转折频率标注在坐标轴上。

3）确定低频段。

因为系统是 1 型系统，$K = 50$，$20\lg K = 20\lg 50 = 34\mathrm{dB}$，可以过 $\omega = 1$，$L(\omega) = 34\mathrm{dB}$ 这一点，作一条 $-20\mathrm{dB/dec}$ 的斜线，得到对数幅频特性低频段，如图 4.14 所示。也可以在 $\omega = 50$ 处作一条 $-20\mathrm{dB/dec}$ 的斜线，在这条斜线上第一个转折频率之前的那一部分即为 1 型系统的低频段，如图 4.14 所示。

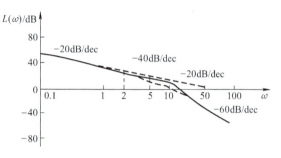

4）绘制开环对数幅频特性的渐近线。将低频段延伸到第一个转折频率 $\omega_1 = 2$。第一个转折频率是惯性环节的转折频率，开环对数幅频特性的渐近线下降 $20\mathrm{dB/dec}$；再延伸到第二个转折频率 $\omega_2 = 5$，因为是一阶微分环节，所以增加 $20\mathrm{dB/dec}$；再延伸到第三个转折频率 $\omega_3 = 10$，因为是振荡环节，所以减少 $40\mathrm{dB/dec}$，如图 4.14 中实线所示。

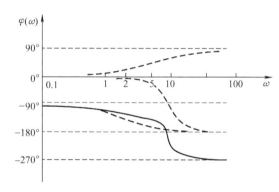

图 4.14　例 4.3 的伯德图

5）绘制相频特性曲线。绘制各个环节的对数相频特性曲线，然后逐点叠加。

6）修正对数幅频特性曲线。对于惯性环节，在转折频率 $\omega_1 = 2$ 处减少 3dB。对于一阶微分环节，在转折频率 $\omega_2 = 5$ 处增加 3dB。对于振荡环节，根据式（4.17）得转折频率 $\omega_3 = 10$ 处的误差值为

$$L(\omega_3) = 20\lg\frac{1}{2\zeta} = 20\lg\frac{1}{2 \times 0.2}\mathrm{dB} = 8\mathrm{dB}$$

或者根据式（4.18）和式（4.19）求出最大误差值为

$$\omega_{\max} = \omega_n\sqrt{1 - 2\zeta^2} = 9.6$$

$$L_{\max} = 20\lg\frac{1}{2\zeta\sqrt{1 - \zeta^2}} = 8.1\mathrm{dB}$$

根据这两个值，对渐近线进行修正，如图 4.14 中实线所示。

例4.4 系统的开环传递函数为

$$G(s)H(s) = \frac{1000(s + 0.2)}{s^2(s + 0.1)(s + 10)^2}$$

解 1）将传递函数写成

$$G(s)H(s) = \frac{20\left(1 + \frac{1}{0.2}s\right)}{s^2\left(1 + \frac{1}{0.1}s\right)\left(1 + \frac{1}{10}s\right)^2}$$

系统的开环频率特性为

$$G(j\omega)H(j\omega) = \frac{20\left(1 + \frac{1}{0.2}j\omega\right)}{(j\omega)^2\left(1 + \frac{1}{0.1}j\omega\right)\left(1 + \frac{1}{10}j\omega\right)^2}$$

开环传递系数为 $K = 20$，转折频率为 $\omega_1 = 0.1$，$\omega_2 = 0.2$，$\omega_3 = 10$。

2）绘制对数坐标，并将各个转折频率标注在坐标轴上。

3）确定低频段。在本例中，有两个积分环节，系统是 2 型系统，$K = 20$，$20\lg K = 20\lg 20 = 26\text{dB}$。过 $\omega = 1$，$L(\omega) = 26\text{dB}$ 这一点作一条 -40dB/dec 的斜线就得到系统的低频段，如图 4.15 所示。

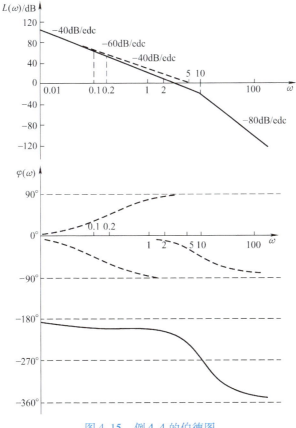

图 4.15　例 4.4 的伯德图

由式（4.22）可见，在第一个转折频率之前，2 型系统的对数幅频特性近似为

$$L(\omega) = 20\lg\frac{K}{\omega^2} = 20\lg K - 40\lg\omega$$

所以，2 型系统的对数幅频特性的低频段是斜率为 -40dB/dec 的斜线。当 $\omega = \sqrt{K}$ 时，$L(\omega) = 0$，因此，2 型系统的低频段或其延长线在 $\omega = \sqrt{K}$ 时与横轴相交。可以在横轴上 $\omega = \sqrt{K}$ 处作一条 -40dB/dec 的斜线，即为 2 型系统的低频段。在本例中，在横轴上 $\omega = \sqrt{20} = 4.47$ 处作一条 -40dB/dec 的斜线，即为该系统的低频段，如图 4.15 虚线所示。

4）绘制开环对数幅频特性的渐近线。将低频段延伸到第一个转折频率 $\omega_1 = 0.1$ 处。第一个转折频率是惯性环节的转折频率，开环对数幅频特性的渐近线下降 20dB/dec；延伸到第二个转折频率 $\omega_2 = 0.2$ 处，因为是一阶微分环节，所以增加 20dB/dec；延伸到第三个转折频率 $\omega_3 = 10$ 处，因为是两个惯性环节，所以减少 40dB/dec，如图 4.15 中虚线所示。

5）修正对数幅频特性。在转折频率 $\omega_1 = 0.1$ 处减少 3dB，在转折频率 $\omega_2 = 0.2$ 处增加 3dB，对于两个相同的惯性环节，则在转折频率 $\omega_3 = 10$ 处减少 6dB，如图 4.15 中实线所示。

6）绘制相频特性曲线。绘制各个环节的对数相频特性曲线，然后逐点叠加。

4.4　由伯德图确定传递函数

线性系统分为最小相位系统和非最小相位系统。如果系统的传递函数在右半 S 平面上没有极点和零点，且不包含滞后环节，则称为最小相位系统，否则，称为非最小相位系统。

也就是说，只包含比例、积分、微分、惯性、振荡、一阶微分和二阶微分环节的系统是最小相位系统。而包含不稳定环节或滞后环节的系统是非最小相位系统。

在伯德图上，若一个最小相位系统和一个非最小相位系统具有相同的幅频特性，则最小相位系统的相位角滞后，总是小于非最小相位系统的相位角滞后。从不稳定典型环节的伯德图（图 4.11 和图 4.12）上可明显地看出，相位滞后都大于所对应的稳定的典型环节的相位滞后。

由于最小相位系统的幅频特性和相频特性是单值对应的，根据系统的对数幅频特性就可以写出系统的传递函数或者频率特性。

例 4.5　某最小相位系统的对数

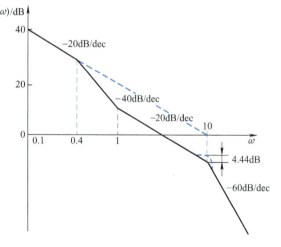

图 4.16　最小相位系统的伯德图

幅频特性的渐近线如图 4.16 所示,确定该系统的传递函数。

解 对数幅频特性的低频段是 -20dB/dec 的直线,系统的传递函数有一个积分环节。根据转折点处对数幅频特性渐近线斜率的变化,写出系统的传递函数为

$$G(s) = \frac{K(1 + s)}{s\left(1 + \dfrac{1}{0.4}s\right)\left[1 + 2\zeta\dfrac{1}{10}s + \left(\dfrac{s}{10}\right)^2\right]}$$

低频段的延长线与 0dB 线(横坐标轴)的交点为 $\omega = 10$,因此,$K = 10$。

在转折频率处对数幅频特性和其渐近线的误差为 4.44dB,由式(4.17)得

$$20\lg\frac{1}{2\zeta} = 4.44$$

$$\zeta = 0.3$$

系统的传递函数为

$$G(s) = \frac{10(1 + s)}{s(1 + 2.5s)(1 + 0.06s + 0.01s^2)} = \frac{400(s + 1)}{s(s + 0.4)(s^2 + 6s + 100)}$$

例 4.6 某最小相位系统的对数幅频特性的渐近线如图 4.17 所示,确定该系统的传递函数。

解 对数幅频特性的低频段是 -20dB/dec 的直线,系统的传递函数有一个积分环节。根据转折点处对数幅频特性渐近线斜率的变化,写出系统的传递函数为

$$G(s) = \frac{K\left(1 + \dfrac{1}{10}s\right)^2}{s\left(1 + \dfrac{1}{0.2}s\right)^2} = \frac{K(1 + 0.1s)^2}{s(1 + 5s)^2}$$

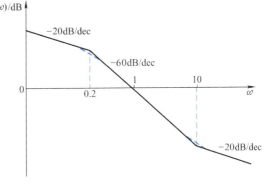

图 4.17　最小相位系统的伯德图

在本例中,没有给出低频段的延长线与横轴的交点频率,也没有给出低频段的延长线在 $\omega = 1$ 处的值,所以不能用前面介绍的方法。在本例中,给出了穿越频率 $\omega = 1$,因此,可以由 $L(1) = 0$,或者 $|G(\text{j}\omega)|_{\omega=1} = 1$ 确定 K。

通常在穿越频率附近,转折频率在穿越频率左边的惯性环节的对数幅频特性可以认为是 -20dB/dec 的斜线,近似为一个积分环节。而转折频率在穿越频率右边的惯性环节的幅频特性可以认为是 0dB 的水平线,近似为 1。一阶微分环节、二阶微分环节、振荡环节等可以进行类似的近似处理,简化计算。

在本例中,在穿越频率 $\omega = 1$ 附近,可以作下列近似

$$\frac{K[\sqrt{1 + (0.1\omega)^2}]^2}{\omega[\sqrt{1 + (5\omega)^2}]^2} \approx \frac{K}{\omega(5\omega)^2} = \frac{K}{25\omega^3}$$

在 $\omega = 1$ 处,开环对数幅频特性为 0dB,或者幅值为 1,即

$$\frac{K}{25\omega^3}\bigg|_{\omega=1} = 1$$

得 $K = 25$,系统的传递函数为

89

$$G(s) = \frac{25(1 + 0.1s)^2}{s(1 + 5s)^2}$$

对于非最小相位系统，系统的幅频特性和相频特性不是单值对应的，要综合考虑系统的对数幅频特性和相频特性，才能确定被测系统的传递函数或者频率特性。一般是根据系统的对数幅频特性写出系统的传递函数的基本类型，例如惯性环节或者不稳定惯性环节等，然后再根据相频特性确定是否存在不稳定环节，如果写出的系统传递函数或者频率特性的相频特性与给定的相频特性曲线吻合，就可以确定出系统的传递函数或者频率特性。

4.5 奈奎斯特稳定判据

前面介绍的代数稳定判据，是基于系统的微分方程、传递函数等参数模型判别系统稳定性。但在工程中，比较原始、直接的资料是用实验得到的频率特性的实验数据，工程技术人员希望直接用系统的频率特性等实验数据来分析与设计系统。1932 年，美国 Bell 实验室的奈奎斯特提出了一种方法：基于系统的开环幅相频率特性曲线判别系统的稳定性，称为奈奎斯特稳定判据。

奈奎斯特稳定判据：设系统有 P 个开环极点在右半 S 平面，当 ω 从 $-\infty$ 变到 $+\infty$ 时，若奈奎斯特曲线绕 $G(j\omega)H(j\omega)$ 平面的 $(-1, j0)$ 点 N 圈，则系统有 $Z = N + P$ 个闭环极点在右半 S 平面。若 $Z = 0$，则系统是稳定的。

应用奈奎斯特稳定判据判别系统稳定性，需要绘制或者由实验得到奈奎斯特曲线，并确定奈奎斯特曲线绕 $G(j\omega)H(j\omega)$ 平面的 $(-1, j0)$ 点的圈数 N，在右半 S 平面的开环极点数 P 以及在右半 S 平面的闭环极点数 $Z = N + P$。

1）奈奎斯特曲线的画法。奈奎斯特曲线的精确形状对于 N 值的确定并不重要，只要根据一些特征画出奈奎斯特曲线的大致形状即可。事实上，要在 $\omega = 0 \rightarrow +\infty$ 的范围内精确画出奈奎斯特曲线是不可能的，因为通常有 $\lim\limits_{\omega \to 0} | G(j\omega)H(j\omega) | = \infty$，显然不可能画无穷大的坐标图。为了分析系统稳定性，通常要确定奈奎斯特曲线的下列特征。

① $\omega \to 0_+$ 的映射；

② $\omega \to +\infty$ 的映射；

③ 奈奎斯特曲线与实轴的交点；

④ 根据这些映射点画出 $\omega = 0_+ \rightarrow +\infty$ 对应的奈奎斯特曲线，然后根据奈奎斯特曲线关于实轴的对称性，画出 $\omega = -\infty \rightarrow 0_-$ 的奈奎斯特曲线。

⑤ 从 $\omega = 0_-$ 的映射点开始画无穷大的圆弧，顺时针转过 $v180°$，到 $\omega = 0_+$ 的映射点结束。其中 v 是最小相位系统或者非最小相位系统的开环传递函数在 $s = 0$ 的极点数。

2）确定 N。将奈奎斯特曲线从 $G(j\omega)H(j\omega)$ 平面的下半部穿过负实轴的 $(-1, -\infty)$ 段，到 $G(j\omega)H(j\omega)$ 平面的上半部 1 次，定义为 1 次正穿越；反之，奈奎斯特曲线从 $G(j\omega)H(j\omega)$ 平面的上半部穿过负实轴的 $(-1, -\infty)$ 段，到 $G(j\omega)H(j\omega)$ 平面的下半部 1 次，定义为 1 次负穿越，如图 4.18 所示。

若奈奎斯特曲线正穿越 N_+ 次，负穿越 N_- 次，则奈奎斯特曲线绕 $G(j\omega)H(j\omega)$ 平面的 $(-1, j0)$ 点的圈数为

$$N = N_+ - N_- \qquad (4.23)$$

3）确定 P。开环传递函数在右半 S 平面的极点数 P 是容易看出的。对于最小相位系统，$P = 0$。

下面举几个典型的例子说明 0 型、1 型、2 型和 3 型系统以及非最小相位系统的奈奎斯特曲线的绘制以及奈奎斯特稳定判据的应用。最后一个例子说明有零、极点对消的处理方法。许多控制系统的奈奎斯特图是这几个例子的特殊情况。

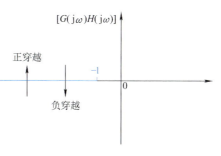

图 4.18　正、负穿越

例 4.7　已知系统的开环传递函数为

$$G(s)H(s) = \frac{K}{(T_1 s + 1)(T_2 s + 1)}$$

用奈奎斯特稳定判据判别系统稳定性。

解　系统的开环频率特性为

$$G(j\omega)H(j\omega) = \frac{K}{(j\omega T_1 + 1)(j\omega T_2 + 1)}$$

则

$$\lim_{\omega \to 0} |G(j\omega)H(j\omega)| = K, \lim_{\omega \to 0} \angle G(j\omega)H(j\omega) = 0$$

$$\lim_{\omega \to +\infty} |G(j\omega)H(j\omega)| = 0, \lim_{\omega \to +\infty} \angle G(j\omega)H(j\omega) = -\pi$$

容易看出，当 $\omega = 0 \to +\infty$ 时，$\angle G(j\omega)H(j\omega) = 0 \sim -\pi$，这部分奈奎斯特曲线总在实轴下方，与负实轴不相交（$\omega = 0$ 和 $\omega = +\infty$ 除外）。根据上面的分析以及对称性，画出系统的奈奎斯特曲线如图 4.19 所示。

因为 $N_+ = N_- = 0$，$N = N_+ - N_- = 0$，又由于开环传递函数在 S 平面的右半平面没有极点，即 $P = 0$，所以，$Z = N + P = 0$，因此，该系统是稳定的。

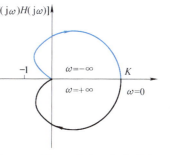

图 4.19　例 4.7 的奈奎斯特曲线

例 4.8　已知系统的开环传递函数为

$$G(s)H(s) = \frac{K}{s(T_1 s + 1)(T_2 s + 1)}$$

用奈奎斯特稳定判据判别系统稳定性。

解　系统的开环频率特性为

$$G(j\omega)H(j\omega) = \frac{K}{j\omega(j\omega T_1 + 1)(j\omega T_2 + 1)}$$

则

$$\lim_{\omega \to 0} |G(j\omega)H(j\omega)| = \infty \qquad \lim_{\omega \to 0_+} \angle G(j\omega)H(j\omega) = -\frac{\pi}{2}$$

$$\lim_{\omega \to +\infty} |G(j\omega)H(j\omega)| = 0 \qquad \lim_{\omega \to +\infty} \angle G(j\omega)H(j\omega) = -\frac{3}{2}\pi$$

求奈奎斯特曲线与实轴的交点：将频率特性化为代数形式为

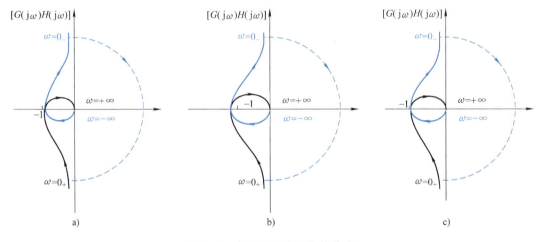
图 4.20 例 4.8 的奈奎斯特曲线

$$G(j\omega)H(j\omega) = \frac{-K(T_1 + T_2)}{(1 - \omega^2 T_1 T_2)^2 + \omega^2(T_1 + T_2)^2} + j\frac{K(\omega^2 T_1 T_2 - 1)}{\omega[(1 - \omega^2 T_1 T_2)^2 + \omega^2(T_1 + T_2)^2]}$$

令

$$\mathrm{Im}G(j\omega)H(j\omega) = V(\omega) = 0$$

得

$$\omega^2 T_1 T_2 - 1 = 0$$

解得奈奎斯特曲线与实轴交点处的频率

$$\omega = \pm\frac{1}{\sqrt{T_1 T_2}}$$

奈奎斯特曲线与实轴交点坐标

$$U\left(\pm\frac{1}{\sqrt{T_1 T_2}}\right) = -\frac{KT_1 T_2}{T_1 + T_2}$$

根据上面的分析以及对称性，画出系统的奈奎斯特曲线中对应 $\omega = 0_+ \to +\infty$ 和 $\omega = -\infty \to 0_-$ 的部分，如图 4.20 所示。

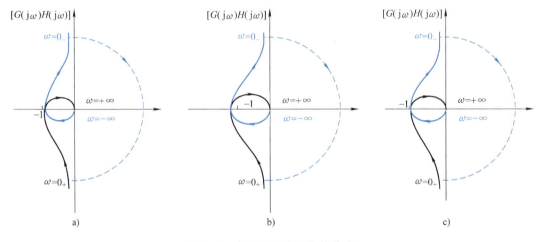

图 4.20 例 4.8 的奈奎斯特曲线

因为 $v = 1$，画从 $\omega = 0_-$ 的映射点开始，顺时针转过 $180°$，到 $\omega = 0_+$ 的映射点结束的无穷大半径的圆弧。

开环传递函数在右半 S 平面没有极点，$P = 0$。奈奎斯特曲线绕（-1，$j0$）点圈数与交点坐标有关。

当 $\dfrac{KT_1 T_2}{T_1 + T_2} < 1$ 时，奈奎斯特曲线不包围（-1，$j0$）点，如图 4.20a 所示，系统是稳定的。

当 $\dfrac{KT_1 T_2}{T_1 + T_2} > 1$ 时，奈奎斯特曲线包围（-1，$j0$）点，如图 4.20b 所示。$N_+ = 2$，$N_- = 0$，$N = N_+ - N_- = 2$，$Z = N + P = 2$，所以，系统是不稳定的，有两个闭环极点在右半 S 平面。

当 $\dfrac{KT_1T_2}{T_1 + T_2} = 1$ 时，奈奎斯特曲线穿越（ -1，j0）点，如图 4.20c 所示，系统是临界稳定的。

例 4.9 已知系统的开环传递函数为

$$G(s)H(s) = \frac{K(\tau s + 1)}{s^2(Ts + 1)}$$

试用奈奎斯特稳定判据判别系统的稳定性。

解 系统的开环频率特性为

$$G(j\omega)H(j\omega) = \frac{K(j\omega\tau + 1)}{(j\omega)^2(j\omega T + 1)}$$

下面分几种情况讨论。

（1）$T < \tau$

$$\lim_{\omega \to 0} |G(j\omega)H(j\omega)| = \infty \qquad \lim_{\omega \to 0_+} \angle G(j\omega)H(j\omega) = -\pi + \varepsilon$$

$$\lim_{\omega \to +\infty} |G(j\omega)H(j\omega)| = 0 \qquad \lim_{\omega \to +\infty} \angle G(j\omega)H(j\omega) = -\pi + \varepsilon$$

式中，ε 为趋于 0 的正角度。由于当 $\omega = 0 \to +\infty$ 时，$\angle G(j\omega)H(j\omega) = 0 \sim -\pi$，所以，这部分奈奎斯特曲线总在实轴下方，与负实轴不相交（$\omega = 0$ 和 $\omega = +\infty$ 除外）。根据上面的分析以及对称性，可以画出系统的奈奎斯特曲线如图 4.21a 所示。

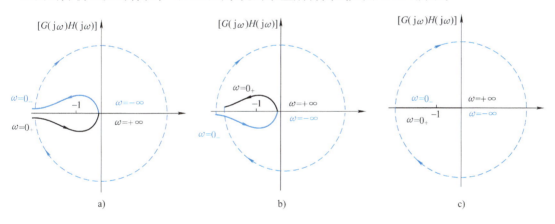

图 4.21　例 4.9 的奈奎斯特曲线

因为 $v = 2$，画从 $\omega = 0_-$ 的映射点开始，顺时针转过 $2 \times 180°$，到 $\omega = 0_+$ 的映射点的无穷大半径的圆弧。

开环传递函数在右半 S 平面没有极点，$P = 0$。奈奎斯特曲线不包围（-1，j0）点，所以，系统是稳定的。

（2）$T > \tau$

类似于上面的分析，可以画出系统的奈奎斯特曲线如图 4.21b 所示。

因为 $N_+ = 2$，$N_- = 0$，$N = N_+ - N_- = 2$，$Z = N + P = 2$，所以系统是不稳定的，有两个闭环极点在右半 S 平面。

（3）$T = \tau$

这时，系统的传递函数为

$$G(s)H(s) = \frac{K}{s^2}$$

频率特性为

$$G(j\omega)H(j\omega) = \frac{K}{(j\omega)^2}$$

$$|G(j\omega)H(j\omega)| = \frac{K}{\omega^2}$$

$$\angle G(j\omega)H(j\omega) = -\pi$$

奈奎斯特曲线如图 4.21c 所示。奈奎斯特曲线穿越 (-1, j0) 点，系统临界稳定。

例 4.10 已知系统的开环传递函数为

$$G(s)H(s) = \frac{K}{s^3(s+1)}$$

用奈奎斯特稳定判据判别系统稳定性。

解 系统的开环频率特性为

$$G(j\omega)H(j\omega) = \frac{K}{(j\omega)^3(j\omega+1)}$$

$$\lim_{\omega \to 0} |G(j\omega)H(j\omega)| = \infty \qquad \lim_{\omega \to 0_+} \angle G(j\omega)H(j\omega) = -\frac{3}{2}\pi$$

$$\lim_{\omega \to +\infty} |G(j\omega)H(j\omega)| = 0 \qquad \lim_{\omega \to +\infty} \angle G(j\omega)H(j\omega) = -2\pi$$

当 $\omega = 0 \to +\infty$ 时，$\angle G(j\omega)H(j\omega) = -\frac{3}{2}\pi \sim -2\pi$，这部分奈奎斯特曲线总在第一象限。根据上面的分析以及对称性，画出系统的奈奎斯特曲线如图 4.22 所示。

因为 $v = 3$，画从 $\omega = 0_-$ 的映射点开始，顺时针转过 $3 \times 180°$，到 $\omega = 0_+$ 映射点的无穷大半径圆弧。

开环传递函数在右半 S 平面没有极点，$P = 0$。因为 $N_+ = 2$，$N_- = 0$，$N = N_+ - N_- = 2$，$Z = N + P = 2$，所以，系统不稳定，有两个闭环极点在右半 S 平面。

例 4.11 已知非最小相位系统的开环传递函数为

$$G(s)H(s) = \frac{k(s+3)}{s(s-1)}$$

用奈奎斯特判据判别系统稳定性。

解 系统的开环频率特性为

$$G(j\omega)H(j\omega) = \frac{K(j\omega+3)}{j\omega(j\omega-1)} = \frac{-4k}{1+\omega^2} + j\frac{k(3-\omega^2)}{\omega(1+\omega^2)}$$

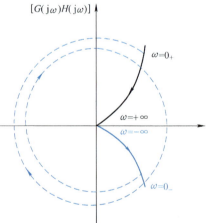

图 4.22 例 4.10 的奈奎斯特曲线

$$\lim_{\omega \to 0} \left| G(j\omega)H(j\omega) \right| = \infty, \qquad \lim_{\omega \to 0_+} \angle G(j\omega)H(j\omega) = -\frac{3}{2}\pi$$

$$\lim_{\omega \to +\infty} \left| G(j\omega)H(j\omega) \right| = 0, \qquad \lim_{\omega \to +\infty} \angle G(j\omega)H(j\omega) = -\frac{1}{2}\pi$$

令 $V(\omega) = 0$，得奈奎斯特曲线与实轴交点处的频率为 $\omega = \sqrt{3}$，交点坐标为 $U(\sqrt{3}) = -k$。根据上面的分析以及对称性，画出系统的奈奎斯特曲线如图 4.23 所示。

因为 $v = 1$，画从 $\omega = 0_-$ 的映射点开始，顺时针转过 180°，到 $\omega = 0_+$ 映射点的半径为无穷大圆弧。

开环传递函数在右半 S 平面有一个极点，$P = 1$。

当 $k > 1$ 时，$N_+ = 1$，$N_- = 2$，$N = N_+ - N_- = -1$，$Z = N + P = -1 + 1 = 0$，系统是稳定的。

当 $k < 1$ 时，$N_+ = 1$，$N_- = 0$，$N = N_+ - N_- = 1$，$Z = N + P = 1 + 1 = 2$，系统是不稳定的，有两个闭环极点在右半 S 平面。

当 $k = 1$ 时，奈奎斯特曲线穿越 $(-1,$ j0$)$ 点，系统是临界稳定的。

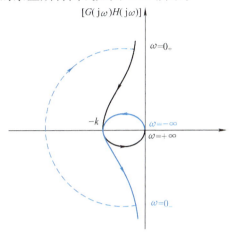

图 4.23　例 4.11 的奈奎斯特曲线

上面讨论的都是假设 $G(s)$ 与 $H(s)$ 没有零、极点对消的情况。由于奈奎斯特稳定判据是基于系统的开环传递函数来分析系统稳定性的，所以，当 $G(s)$ 与 $H(s)$ 存在零、极点对消时，如果直接应用奈奎斯特判据分析系统的稳定性，可能会得到错误的结果。下面用一个例子说明 $G(s)$ 与 $H(s)$ 有零、极点对消时的处理方法。

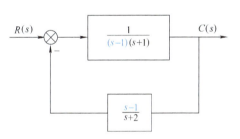

图 4.24　开环传递函数存在零、极点对消

例 4.12　控制系统如图 4.24 所示，用奈奎斯特判据判别系统稳定性。

解　在该系统中，系统的开环传递函数为

$$G(s)H(s) = \frac{1}{(s-1)(s+1)} \frac{s-1}{s+2} = \frac{1}{(s+1)(s+2)}$$

由奈奎斯特稳定判据或者其他判据，很容易判别该系统是稳定的。但实际上，系统的闭环传递函数为

$$\phi(s) = \frac{\dfrac{1}{(s-1)(s+1)}}{1 + \dfrac{1}{(s-1)(s+1)}\dfrac{s-1}{s+2}}$$

$$= \frac{s+2}{(s-1)\left[(s+1)(s+2)+1\right]}$$

系统在右半 S 平面的闭环极点，一部分由开环传递函数 $G(s)H(s) = \dfrac{1}{(s+1)(s+2)}$ 决定，另一部分是对消掉的不稳定的开环极点 $s=1$，系统有一个不稳定的闭环极点。

当 $G(s)$ 与 $H(s)$ 存在零、极点对消时，先根据开环传递函数，用奈奎斯特稳定判据得到在右半 S 平面的闭环极点数 Z_1，然后再加上对消掉的不稳定的开环极点数 Z_2，得到系统在右半 S 平面的闭环极点的总数 $Z = Z_1 + Z_2$。

4.6 相对稳定性分析

前面介绍的稳定判据分析系统是否稳定，称为绝对稳定性分析。对于实际的控制系统，不仅要求稳定，而且要求具有一定的稳定裕度。确定系统的稳定裕度，称为相对稳定性分析。在奈奎斯特图上，不仅可以分析系统的绝对稳定性，即判别系统是否稳定，而且能分析系统的相对稳定性，即确定系统的稳定裕度。

如何度量系统的稳定程度？由奈奎斯特判据可知，位于临界点附近的开环幅相曲线即奈奎斯特曲线，对系统的稳定性影响最大。奈奎斯特曲线越接近临界点（-1, j0），系统的稳定程度越差。因此，将奈奎斯特曲线与临界点的距离，作为相对稳定性的度量。通常用相位裕度 γ 和幅值裕度 K_g 或 h 两个值来度量奈奎斯特曲线与临界点的距离。

下面，首先定义相位穿越频率和增益穿越频率。

使开环频率特性的相位角为 $-180°$ 的频率，称为相位穿越频率 ω_g，即

$$\angle G(j\omega_g)H(j\omega_g) = -180° \tag{4.24}$$

使开环频率特性的幅值为 1，或者为 0dB 的频率，称为增益穿越频率或者截止频率 ω_c，即

$$|G(j\omega_c)H(j\omega_c)| = 1 \tag{4.25a}$$

或者

$$20\lg|G(j\omega_c)H(j\omega_c)| = 0 \tag{4.25b}$$

相位裕度 γ 和幅值裕度 K_g 或 h 定义为

$$\gamma = 180° + \angle G(j\omega_c)H(j\omega_c) \tag{4.26}$$

$$K_g = \frac{1}{|G(j\omega_g)H(j\omega_g)|} \tag{4.27a}$$

或者

$$h = 20\lg K_g = -20\lg|G(j\omega_g)H(j\omega_g)| \tag{4.27b}$$

相位裕度 γ 和幅值裕度 K_g 的几何意义如图 4.25 所示。

例 4.13 控制系统的开环传递函数为

$$G(s)H(s) = \frac{10(s+1)}{s(s-1)}$$

试分析系统的绝对稳定性和相对稳定性。

解 系统的频率特性为

$$G(j\omega)H(j\omega) = \frac{10(j\omega+1)}{j\omega(j\omega-1)} = \frac{-20}{1+\omega^2} + j\frac{10(1-\omega^2)}{\omega(1+\omega^2)}$$

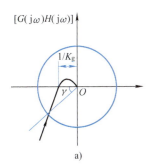

a)

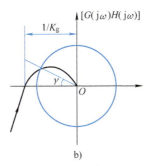

b)

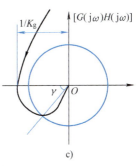

c)

图 4.25 相位裕度和幅值裕度的几何意义

$$\lim_{\omega \to 0} \mid G(j\omega)H(j\omega) \mid = \infty \qquad \lim_{\omega \to 0_+} \angle G(j\omega)H(j\omega) = -\frac{3}{2}\pi$$

$$\lim_{\omega \to +\infty} \mid G(j\omega)H(j\omega) \mid = 0 \qquad \lim_{\omega \to +\infty} \angle G(j\omega)H(j\omega) = -\frac{1}{2}\pi$$

令 $V(\omega) = 0$，即 $1 - \omega_g^2 = 0$，得奈奎斯特曲线与实轴交点处的频率为 $\omega_g = 1$。奈奎斯特曲线与实轴交点坐标为 $U(\omega_g) = -10$。

根据上面的分析以及对称性，画出系统的奈奎斯特曲线如图 4.26 所示。

奈氏路径中小半圆的映射。从 $\omega = 0_-$ 的映射点开始，顺时针转过 $180°$，到 $\omega = 0_+$ 的映射点的无穷大半径的圆弧。

因为开环传递函数在右半 S 平面有一个极点，所以 $P = 1$。$N_+ = 1$，$N_- = 2$，$N = N_+ - N_- = -1$，$Z = N + P = -1 + 1 = 0$，系统是稳定的。

下面分析系统的相对稳定性。由

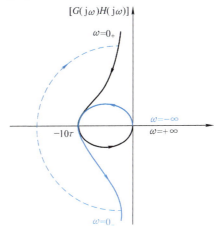

图 4.26 例 4.13 的奈奎斯特曲线

$$\mid G(j\omega_c)H(j\omega_c) \mid = \frac{10 \sqrt{1 + \omega_c^2}}{\omega_c \sqrt{1 + \omega_c^2}} = 1$$

得

$$\omega_c = 10$$

前面已经求出 $\omega_g = 1$，则

$$K_g = \frac{1}{\mid G(j\omega_g)H(j\omega_g) \mid} = \frac{1}{10}$$

$$h = -20\lg(10) = -20$$

$$\gamma = 180° + \angle G(j\omega_c)H(j\omega_c) = 78.58$$

虽然在奈奎斯特图上表示控制系统的相位裕度和幅值裕度很直观，但是因为奈奎斯特曲线只是大概的轮廓，所以要在奈奎斯特图上直接量取相位裕度和幅值裕度显然是不行的。由于奈奎斯特图和伯德图有一个简单的对应关系，所以，相位裕度和幅值裕度也能在伯德图上表示，如图 4.27 所示。伯德图是比较精确的，可以在伯德图上量

取相位裕度和幅值裕度。

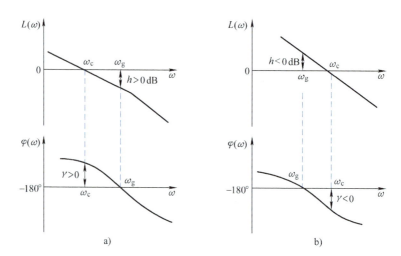

图 4.27　伯德图上的相位裕度和幅值裕度

系统开环对数幅频特性的中频段宽度和斜率与稳定性有密切关系。根据伯德定理可以得到下述结论。

若系统开环对数幅频特性的中频段斜率为 −20dB/dec，则系统是稳定的；若开环对数幅频特性的中频段斜率为 −60dB/dec，则系统不稳定；若开环对数幅频特性的中频段斜率为 −40dB/dec，则系统可能稳定，也可能不稳定，即使稳定，其稳定裕度也较小。

这个结论经常用来根据伯德图判别系统的稳定性。

4.7　MATLAB 在频率法中的应用

用 MATLAB 很容易精确绘制奈奎斯特图和伯德图，方便地求取系统的稳定裕度，从而分析与设计控制系统。

绘制奈奎斯特图的 MATLAB 命令是 nyquist（num，den），当用户需要指定频率 ω 时，可用函数 nyquist（num，den，w）。还有两种等号左端含有变量的形式 ［re，im，w］ = nyquist（num，den）或者 ［re，im，w］ = nyquist（num，den，w）。由于图的幅面有限，对于 1 型及以上系统，MATLAB 只能绘制奈奎斯特图的局部，难以用奈奎斯特判据判别系统稳定性。

用 MATLAB 非常适合绘制伯德图。绘制伯德图可用命令 bode（num，den）。如果需要指定幅值 mag 和相位 phase 范围，则执行命令 ［mag，phase，w］ = bode（num，den），MATLAB 在频率响应范围内能够自动选取频率 ω 值绘图。

例 4.14　用 MATLAB 绘制例 4.3 的伯德图。

解　G = tf(2000 ∗ ［1,5］，conv（［1,2,0］，［1,4,100］）），bode（G）

回车后则显示

Transfer function：

$$\frac{2\ 000s\ +\ 10\ 000}{s^4\ +\ 6s^3\ +\ 108s^2\ +\ 200s}$$

用命令 margin（G）绘制出 G 的伯德图，并标出幅值裕度、相位裕度和对应的频率（如图 4.28 所示）。用函数 ［kg，r，wg，wc］＝margin（G）求出 G 的幅值裕度 K_g、相位裕度和幅值穿越频率 ω_c。

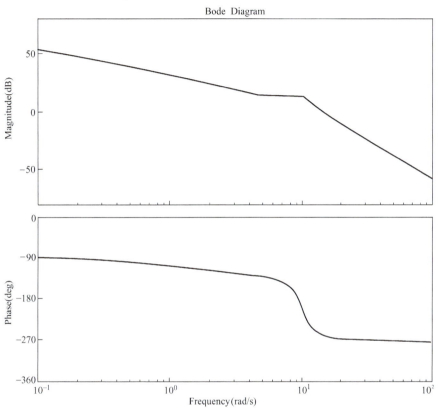

图 4.28 例 4.14 的伯德图

例 4.15 已知系统的开环传递函数为

$$G(s)H(s)\ =\ \frac{20}{s^3\ +\ 10s^2\ +\ 10s\ +\ 2}$$

用 MATLAB 求幅值裕度、相位裕度。

解 键入命令

G＝tf（20，［1　10　10　2］）；［kg，r］＝margin（G）

按 Enter 键，则显示

kg＝13.8

r＝33.7

或者

G＝tf（20，［1　10　10　2］）；margin（G）

按 Enter 键，显示图 4.29。

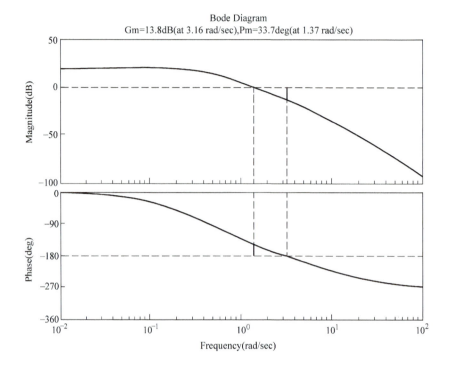

图 4.29 例 4.15 的伯德图及其幅值裕度和相位裕度

4.8 本章小结

1. 频率特性的概念

线性定常系统的输出量的傅里叶变换与输入量的傅里叶变换之比，定义为系统的频率特性。

将传递函数中的 s 用 $j\omega$ 替换后得到系统的频率特性。

一个稳定的线性定常系统，在正弦信号作用下，稳态输出是同频率的正弦信号，幅值为频率特性的幅值与输入信号辐值的乘积，相位为频率特性的相位与正弦输入信号的相位之和。

2. 伯德图

如果系统的传递函数在右半 S 平面上没有极点和零点，而且不包含滞后环节，称为最小相位系统，否则，称为非最小相位系统。

对于最小相位系统，幅频特性和相频特性是单值对应的，根据系统的对数幅频特性就可以写出系统的传递函数或者频率特性。

典型环节的伯德图的特征、绘制控制系统伯德图的方法以及由最小相位系统伯德图确定传递函数的方法。

3. 稳定性分析

绘制控制系统奈奎斯特图的方法，熟练掌握奈奎斯特稳定判据。

若系统开环对数幅频特性的中频段斜率为 -20dB/dec，则系统是稳定的；若系统开环对数幅频特性的中频段斜率为 -60dB/dec，则系统是不稳定的；若系统开环对数幅频特性的中频段斜率为 $-40\mathrm{dB/dec}$，则系统可能是稳定的，也可能是不稳定的，即使稳定，其稳定裕度也较小。

控制系统相位裕度和幅值裕度的定义与几何意义。

运用 MATLAB 绘制系统伯德图，并确定系统的相位裕度和幅值裕度。

习 题

4.1 如题4.1图所示控制系统，根据频率特性物理意义，求下列输入信号作用时系统的稳态输出 c_{ss} 和稳态误差 e_{ss}。

（1）$r(t) = \sin 2t$；

（2）$r(t) = \sin(t + 30°) - 2\cos(2t - 45°)$。

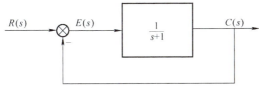

题4.1 图

4.2 最小相位系统的开环对数幅频渐近线如题4.2图所示，确定系统的开环传递函数。

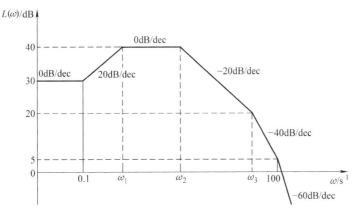

题4.2 图

4.3 最小相位系统的开环对数幅频特性的渐近线如题4.3图所示，试写出系统的开环传递函数。

4.4 最小相位系统的开环对数幅频特性渐近线如题4.4图所示，确定系统的开环传递函数。

4.5 最小相位系统的开环对数幅频特性的渐近线如题4.5图所示，确定系统的开环传递函数。

4.6 已知单位反馈系统的开环传递函数为 $G(s) = \dfrac{10}{(s + 1)(0.1s + 1)}$，用奈奎斯特判据判断闭环系统的稳定性。

4.7 已知单位反馈系统开环传递函数

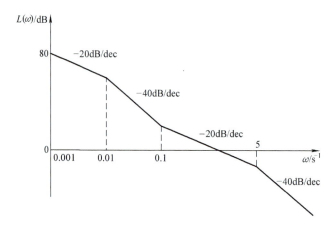

题 4.3 图

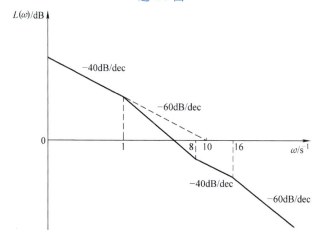

题 4.4 图

$$G(s) = \frac{K}{(1 + 0.1s)(1 + 0.5s)(1 + s)}$$

用奈奎斯特判据确定 K 为何值时，闭环系统稳定。

4.8 已知单位反馈系统的开环传递函数为

$$G(s) = \frac{K}{s - 1}$$

用奈奎斯特判据判断系统的稳定性。

4.9 设单位反馈控制系统开环传递函数为

$$G(s) = \frac{as + 1}{s^2}$$

试确定使相位裕度 $\gamma = 45°$ 的 a 值。

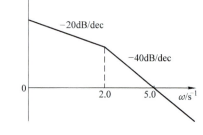

题 4.5 图

4.10 雕刻机控制系统中用了两个驱动电动机和相应的导轨在 x 和 y 方向上为雕刻针定位。x 轴位置控制系统如题 4.10 图所示。

（1）用奈奎斯特稳定判据确定 K_P 的取值范围，使系统稳定。

（2）绘制 $K_P = 2$ 时开环系统的伯德图。

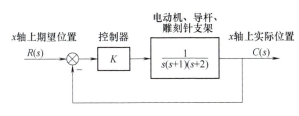

题 4.10 图

4.11 无人小车 AGV 是自动化仓库中的重要设备。这种小车能够沿着嵌在地面上的线路自动调节前轮，从而保持合适的方向。AGV 车轮方向控制系统原理如题 4.11 图所示。安装在前轮上的感应线圈可以检测到小车行驶方向的误差，并调整方向。如果系统的开环传递函数为 $G(s)H(s) = \dfrac{k}{s\,(s+3)^2}$。

（1）绘制 $K_v = 2$ 时开环系统的伯德图；

（2）确定当 $K_v = 2$ 时系统的幅值裕度和相位裕度。

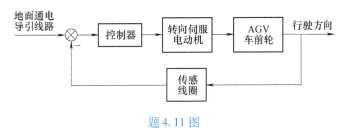

题 4.11 图

103

读一读

负反馈放大器及频率法的建立

Harold Black　　　　　　　Harry Nyquist　　　　　　Hendrik Wade Bode

1928年8月2日，Harold Black（哈尔德·布莱克，1898—1983），在前往曼哈顿西街的上班途中，在Hudson河的渡船上灵光一闪，发明了在当今控制理论中占核心地位的负反馈放大器。由于手头没有纸，他就将其发明记在了一份纽约时报上。这份早报已成为一件珍贵的文物珍藏在AT&T的档案馆中。

Black当时年仅29岁，从美国武斯特理工学院电子工程专业学士毕业刚六年，在西部电子公司工程部从事电子管放大器的失真和不稳定问题的研究。Black首先提出了基于误差补偿的前馈放大器，在此基础上提出了负反馈放大器。1928年Black提交了长达52页126项的专利申请，但直到九年后，当Black和他在AT&T的同事们开发出实用的负反馈放大器之后才获批这项专利。Black关于负反馈放大器的论文发表于1934年，参考了Harry Nyquist（哈里·奈奎斯特）于1932年发表的包含著名Nyquist稳定判据的论文。

Harry Nyquist（1889—1976）于1917年在耶鲁大学获物理学博士学位。1917—1934年在美国AT&T公司工作，1934年转入贝尔实验室工作。他采用图形的方法来判断系统的稳定性。这一时期，贝尔实验室的另一位应用数学家Hendrik Wade Bode（亨德里克·韦德·伯德，1905—1982）对负反馈放大器的设计问题进行研究。Bode于1926年在俄荷俄州立大学（Ohio State）获硕士学位；1935年在哥伦比亚大学（Columbia University）获物理学博士学位。1940年，Bode引入了半对数坐标系，建立了一套在频域范围设计反馈放大器的方法，使频率法更加适用于自动控制系统的分析与设计。

1928—1945年，美国AT&T公司贝尔实验室的科学家们建立了控制系统分析与设计的频域方法。

现代频域法理论创立者 H. H. Rosenbrock

1970 年前后，英国自动控制专家、英国皇家学会会员 H H. Rosenbrock（罗森布洛克）和 D. H. Owens（欧文斯）、G. J. MacFarlane（麦克法轮）将经典控制理论中单变量系统的传递函数的概念推广到多变量系统的传递函数矩阵，提出多变量频域法，建立了现代频域法理论，在经典控制理论和现代控制理论之间架起了桥梁，为进一步建立统一的线性系统理论奠定了基础。

Rosenbrock 1941 年毕业于伦敦大学电机工程系，获理学学士学位。1955 年获哲学博士学位，1963 年获理学博士学位。Rosenbrock 曾任职于工业部门，创办过有关化工过程控制的研究与开发实验室。1962—1965 年加入剑桥大学控制研究组，1963—1964 年在麻省理工学院电子系统研究室工作。从 1966 年起，任曼彻斯特理工学院控制工程教授，控制中心主任。Rosenbrock 是英国电气工程师协会、化学工程师协会、测量与控制学会的高级会员，曾任英国电气工程师协会和测量与控制学会主席。1957 年获英国化学工程师协会的莫尔顿奖，1970 年获英国测量与控制学会的哈特利奖，1986 年获英国电气工程师协会的亥维赛奖。1976 年当选为英国皇家学会会员。

第5章

PID控制设计方法

前面各章较为详细地介绍了系统分析的基本方法。所谓系统分析，就是在给定系统的结构、参数和工作条件下，对其数学模型进行分析，包括稳定性、暂态性能和稳态性能分析，看其是否满足要求，以及分析某些参数变化对上述性能的影响。系统分析的目的是为了设计一个满足要求的控制系统。当系统不满足要求时，需要找到改善系统性能的方法，就是系统的校正。

本章介绍控制系统的校正方法。首先介绍控制系统设计的一般步骤，阐明系统校正在系统设计中的作用。然后着重介绍工程上广泛应用的按最佳二阶系统和典型三阶系统设计 PID 控制器的方法。

5.1 控制系统设计概述

5.1.1 控制系统的设计步骤

完成一个控制系统的设计任务，往往需要经过理论与实践的多次反复才能得到比较合理的结构形式和满意的性能。系统的设计过程一般包括四步：

（1）拟定性能指标

性能指标是设计控制系统的依据，必须合理地拟定性能指标。在不少系统的设计中，有些指标往往并不明确给出，要由设计人员根据设计要求进行转换。

系统性能指标要切合实际需要，既要使系统能够完成给定的任务，又要考虑实现条件和经济效果。一般来说，性能指标不应当比完成给定任务所需要的指标更高。例如，若系统的主要要求是具有较高的稳态性能，就不必对系统动态过程提过高的性能指标，因为这需要昂贵的元件或者复杂的控制装置。

如果在设计过程中，发现很难满足给定的性能指标，或者设计出的控制系统造价太高，需要对给定的性能指标作必要的修改。

工程上存在各种性能指标。一种指标对于某一类系统适用，但对另一类系统不一定适用，所以不同类型的系统需要不同类型的指标。此外，控制系统的很多校正方法是在频域里进行的，需要用频域指标，但由于时域指标有直观、便于测量等优点，因此在许多场合下，时域和频域两类指标常同时采用。

（2）初步设计

初步设计是控制系统设计中最重要的一环，主要包括下列内容：

1）根据设计任务和设计指标，初步确定比较合理的设计方案，选择系统的主要元部件，拟出控制系统的原理图。

2）建立所选元部件的数学模型，并进行初步的稳定性分析和动态性能分析。一般来说，这时的系统虽然在原理上能够完成给定的任务，但一般还不能满足所要求的性能指标。

3）对于不满足性能指标的系统，可以再加一些元件，使系统达到给定的性能指标。这一步就是系统校正。

4）分析各种方案，选择最合适的方案。对于给定的同一个设计要求，一般可以设计出多个方案，即系统设计方案不是唯一的。要对得到的各种方案进行比较和论证，不断改进，最后确定一个较好的方案，完成初步设计工作。

初步设计工作主要是理论分析与计算，其中必须进行很多的简化，例如，模型简化和线性化等，得到的方案可能没有理论分析的结果理想。为了检验初步设计结果的正确性，并改进设计，还需要进行原理试验。

（3）原理试验

根据初步设计确定的系统工作原理，建立试验模型，进行原理试验。根据原理试验的结果，对原定方案进行局部甚至全部的修改，调整系统的结构和参数，进一步完善设计方案。

（4）样机生产

在原理试验的基础上，考虑到实际的安装、使用、维修等条件，应进行样机生产。通过对样机的试验调整，在确认其已满足性能指标和使用要求的前提下，进行实际的运行和环境条件考验的试验。根据运行和试验的结果，进一步改进设计。在完全达到设计要求情况下，将设计定型并交付生产。

一个完整的控制系统设计要经过多次反复试验与修改，才能逐步完善。设计的完善与合理性很大程度上取决于设计者的经验。

5.1.2　校正的概念

前面已经指出，当根据系统所完成的任务，制定出合理的性能指标后，可选择主要的元部件。例如，要设计一个调速系统，根据系统的调速范围、调速精度等，确定需采用直流调速方式。根据系统的输出功率和供给的能源形式，选择晶闸管整流装置及相应的触发电路等；根据负载和调速精度的要求，选择直流电动机以及相应的励磁电路等；根据调速精度，选择测速发电机作为测量元件。这样，系统的结构和主要元部件就选定了。调速系统结构如图 5.1 所示。

根据系统中各元部件的特性以及系统结构，建立系统的数学模型。然后运用前面各章介绍的分析方法，不难分析系统的动态特性，检验系统是否满足给定的性能指标。初步设计出的系统一般来说是不满足性能指标要求的。可以在已有系统中加入一些参数和结构可以调整的装置，改善系统特性。理论上这是完全可以的，因为加入校正装置就改变了系统的传递函数，也就改变了系统的动态特性。

一般说来，系统中的测量、放大和执行元件是构成控制系统的基本元件，例如图 5.1所示调速系统中的比较器、触发器、晶闸管整流装置、电动机及其励磁电路、测速发电机等。这些装置一经选定后都有固定的特性，在系统校正中不再改变，这些元

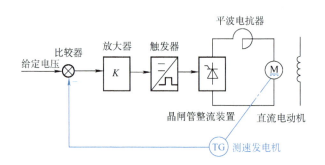

图 5.1　直流电动机速度控制系统

部件通常称为系统的不可变部分，相应的用作校正的元部件（包括放大器），其参数和结构在设计过程中可根据性能指标的要求而定，所以称为可变部分。

所谓校正就是在系统不可变部分的基础上，加入适当的校正元件，使系统满足给定的性能指标。

校正环节的形式及其在系统中的位置称为系统的校正方案。一般把校正环节安置在前向通道中，这种形式称为串联校正。为了避免功率损耗和尽量选择小功率的校正元件，一般串联校正环节安置在前向通道中能量较低的部位上，如图 5.2 所示。图中，$G(s)$、$H(s)$ 为

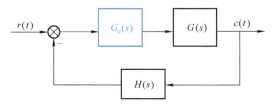

图 5.2　串联校正

系统的不可变部分，$G_c(s)$ 为校正环节的传递函数。校正前系统的闭环传递函数为

$$\Phi(s) = \frac{G(s)}{1 + G(s)H(s)} \tag{5.1}$$

串联校正后系统的闭环传递函数为

$$\Phi_c(s) = \frac{G_c(s)G(s)}{1 + G_c(s)G(s)H(s)} \tag{5.2}$$

5.1.3　校正的方法

确定了校正方案以后，接下来就要确定校正装置的结构和参数。目前主要有两大类校正方法：分析法与综合法。

分析法又称为试探法。这种方法是把校正装置归结为易于实现的几种类型。例如，超前校正、滞后校正、滞后－超前校正等，在工程上常用 PD 调节器、PI 调节器和 PID 调节器。它们的结构是已知的，参数可调。设计者首先根据经验确定校正方案，然后根据系统的性能指标要求，选择某一种类型的校正装置，最后再确定校正装置的参数。这种方法设计的结果必须验算，如果不能满足全部性能指标，则应调整校正装置参数，甚至重新选择校正装置的结构，直到系统校正后满足给定的全部性能指标。因此，分析法本质上是一种试探法。分析法的优点是校正装置简单，可以设计成产品，例如，工程上常用的各种 PID 调节器等。这种方法在工程中得到了广泛应用。

综合法又称为期望特性法。基本思想是按照设计任务所要求的性能指标，构造期

望的数学模型，然后选择校正装置的数学模型，使系统校正后的数学模型等于期望的数学模型。综合法虽然简单，但得到的校正环节的数学模型一般比较复杂，在实际应用中受到限制，但仍然是重要的方法之一，尤其是对校正装置的选择有很好的指导作用。

本章介绍的 PID 控制设计方法将综合法与分析法相结合，用综合法设计 PID 调节器参数。

5.2　PID 控制及其对系统性能的影响

5.2.1　PID 控制规律分析

在控制系统中，广泛采用比例（P）、比例积分（PI）、比例微分（PD）、比例积分微分（PID）控制器。

1. 比例（P）控制规律

微分方程描述为

$$u(t) = K_P e(t) \tag{5.3}$$

传递函数为

$$G_c(s) = \frac{U(s)}{E(s)} = K_P \tag{5.4}$$

比例控制实际上是在前向通道中增加一个参数可以调整的比例环节，增大 K_P 就增加了开环增益，从而减小稳态误差，但降低了系统稳定性。为了兼顾控制系统稳态和动态特性，一般将比例控制和其他控制规律结合起来。

2. 比例积分（PI）控制规律

微分方程描述为

$$u(t) = K_P \left[e(t) + \frac{1}{T_I} \int e(t)\,\mathrm{d}t \right] \tag{5.5}$$

传递函数为

$$G_c(s) = \frac{U(s)}{E(s)} = K_P \left(1 + \frac{1}{T_I s} \right) = \frac{K_P(T_I s + 1)}{T_I s} \tag{5.6}$$

比例积分控制实际上是在前向通道中增加了参数可以调整的比例环节、积分环节和一阶微分环节。增加比例和积分环节可以改进系统的稳态性能，增加一阶微分环节，补偿了增加积分环节引起的系统动态性能下降，可以提高系统稳定性。

3. 比例微分（PD）控制规律

微分方程描述为

$$u(t) = K_P \left[e(t) + T_D \frac{\mathrm{d}e(t)}{\mathrm{d}t} \right] \tag{5.7}$$

传递函数为

$$G_c(s) = \frac{U(s)}{E(s)} = K_P(1 + T_D s) \tag{5.8}$$

比例微分控制实际上是在前向通道中增加了参数可以调整的比例环节和一阶微分

环节，提高了系统动态性能。实际上，由于微分环节能够反映误差的变化，增加了预见性，从而改善了系统控制性能，但同时系统噪声也因为微分环节而被放大。

4. 比例积分微分（PID）控制规律

微分方程描述为

$$u(t) = K_P\Big[e(t) + \frac{1}{T_I}\int e(t)\,\mathrm{d}t + T_D\frac{\mathrm{d}e(t)}{\mathrm{d}t}\Big] \tag{5.9}$$

传递函数为

$$G_c(s) = \frac{U(s)}{E(s)} = K_P\Big(1 + \frac{1}{T_I s} + T_D s\Big) \tag{5.10}$$

比例积分微分控制综合了比例积分控制和比例微分控制的优点。利用积分环节改善系统稳态性能，利用比例微分环节改善系统动态性能。

从 PID 控制器的伯德图很容易分析对系统性能的影响，这里不再叙述，留给读者分析。

5.2.2　PID 调节器

PID 调节器是控制工程中应用最广泛的控制装置，它简单可靠，使用方便。从控制原理的角度，PID 调节器是参数可以调整的 PID 控制器。

设置 PID 调节器的参数称为参数整定。根据整定方式，PID 调节器分为普通型和电压整定型两种。在普通型 PID 调节器中，参数 K_P、T_I、T_D 的整定只能就地进行，可以用调整电位器的阻值或者用波段开关切换电阻来改变参数。在电压整定型 PID 调节器中，参数 K_P、T_I、T_D 的整定可以由外给电压控制，因此可以实现远程整定、第三参数整定、自整定等。普通型和电压整定型的基本组成是相同的，只是参数整定电路有所区别。PID 调节器的基本组成如图 5.3 所示。

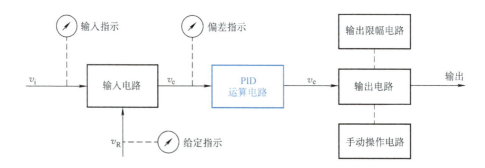

图 5.3　PID 调节器的组成

1. 输入电路

调节器的输入电路一般包括偏差检测电路、内给定稳压电源电路、正反作用开关、内外给定切换开关及滤波电路等部分，如图 5.4 所示。

偏差检测电路是一个减法电路，得到 $v_i - v_R$。给定电压可以由调节器内的稳压电源提供（内给定），也可以由外来信号提供（外给定），用内外给定开关进行切换。

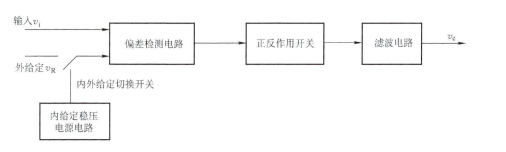

图 5.4　输入电路

正反作用开关使调节器切换为具有正作用特性和反作用特性，以满足系统的不同要求。根据对象特性及系统采用的调节阀是气开式或者气关式，有的系统要求调节器具有正作用特性，即在正偏差增大时调节器输出增加，有的系统要求调节器具有反作用特性，即在负偏差绝对值增大时调节器输出增加。由于输入电路的后面用同一个运算电路，所以需要设置正、反作用开关，以转换偏差信号的极性。

2. 输出电路

输出电路是功率放大电路，有时就是运算电路中放大器的最后一级。其作用是将运算电路的输出信号放大，使调节器输出具有要求的功率和输出阻抗。

3. 手动操作电路

手动操作电路使操作人员直接控制系统，保证无干扰切换，即保证切换后，调节器输出的电流不产生突变。

4. 输出限幅电路

输出限幅电路使控制器输出不超过规定的值，保证系统不处于危险状态。

5. 指示电路

指示电路监视系统的调节运行情况，给手动操作提供必要的指示。

5.3　PID 控制器的工程设计方法

5.3.1　串联校正的综合法

串联校正综合法是根据给定的性能指标求出系统期望的开环频率特性，然后与未校正系统的频率特性进行比较，最后确定系统校正装置的形式及参数。综合法的主要依据是期望特性，又称为期望特性法。

综合法的基本方法是按照设计任务所要求的性能指标，构造具有期望的控制性能的开环传递函数 $G(s)$，然后确定校正装置的传递函数 $G_c(s)$，使系统校正后的开环传递函数等于期望的开环传递函数 $G(s)$。校正装置的传递函数应为

$$G_c(s) = \frac{G(s)}{G_0(s)} \tag{5.11}$$

从频率特性角度，校正装置的对数幅频特性为

$$L_c(\omega) = L(\omega) - L_0(\omega) \tag{5.12}$$

式中，$L_0(\omega)$ 为未校正系统的开环对数幅频特性；$L_c(\omega)$ 为校正环节的对数幅频特

111

性；$L(\omega)$为满足给定性能指标的期望开环对数幅频特性，通常称为"期望特性"。

综合法的关键是根据系统期望的性能指标选择期望的系统模型。在工程上，通常取一些结构较简单的模型，例如，二阶、三阶模型等。下面这些典型的模型设计控制系统的校正装置，都可以采用PID调节器实现。

5.3.2 按最佳二阶系统设计

在如图5.5a所示典型二阶模型中，适当选择参数K_0，其对数幅频特性如图5.5b所示。

与典型二阶系统比较，有

$$\begin{cases} \omega_n^2 = \dfrac{K_0}{T_1} \\ 2\zeta\omega_n = \dfrac{1}{T_1} \end{cases}$$

或

$$\begin{cases} K_0 = \dfrac{\omega_n}{2\zeta} \\ T_1 = \dfrac{1}{2\zeta\omega_n} \end{cases} \tag{5.13}$$

给出期望的性能指标，可以由典型二阶系统的性能指标公式，确定期望模型的参数K_0和T_1。

在典型二阶系统中，当$\zeta = \dfrac{\sqrt{2}}{2} = 0.707$时，系统的性能指标为$\sigma_p\% = 4.3\%$，$\gamma = 65.5°$。可见，这时兼顾了快速性和相对稳

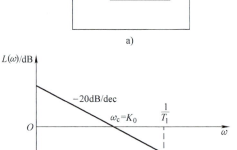

图5.5 典型二阶系统
a）结构图 b）对数幅频特性

定性能，所以，通常把$\zeta = 0.707$的典型二阶系统称为"最佳二阶系统"。

由式（5.13）得$K_0 = \dfrac{1}{4\zeta^2 T_1}$，对于最佳二阶系统，$\zeta = \dfrac{\sqrt{2}}{2}$，则$K_0 = \dfrac{1}{2T_1}$，所以，最佳二阶系统的开环传递函数为

$$G(s) = \dfrac{1}{2T_1 s(T_1 s + 1)} \tag{5.14}$$

在控制工程中，人们常按最佳二阶模型来设计系统。

（1）被控对象为一阶惯性环节

$$G_0(s) = \dfrac{K_1}{T_1 s + 1} \tag{5.15}$$

取最佳二阶模型为期望模型，其时间常数与被控对象的时间常数相同，即为式（5.14），则

$$G_c(s) = \dfrac{G(s)}{G_0(s)} = \dfrac{1}{2K_1 T_1 s} \tag{5.16}$$

可见，校正装置应采用积分调节器。

112

（2）被控对象为两个惯性环节串联

$$G_0(s) = \frac{K_1 K_2}{(T_1 s + 1)(T_2 s + 1)} \quad T_2 > T_1 \tag{5.17}$$

取期望模型为式（5.14），即时间常数与被控对象中较小的时间常数相同，则

$$G_c(s) = \frac{G(s)}{G_0(s)} = \frac{T_2 s + 1}{2K_1 K_2 T_1 s} = \frac{T_2}{2K_1 K_2 T_1}\left(1 + \frac{1}{T_2 s}\right) \tag{5.18}$$

应采用 PI 调节器，参数应整定为

$$K_P = \frac{T_2}{2K_1 K_2 T_1} \quad T_I = T_2 \tag{5.19}$$

（3）被控对象为三个惯性环节串联

$$G_0(s) = \frac{K_1 K_2 K_3}{(T_1 s + 1)(T_2 s + 1)(T_3 s + 1)} \quad T_1 < T_2 \quad T_1 < T_3 \tag{5.20}$$

取期望模型为式（5.14），其时间常数与对象的最小的一个时间常数相同，则

$$G_c(s) = \frac{(T_2 s + 1)(T_3 s + 1)}{2K_1 K_2 K_3 T_1 s} \tag{5.21}$$

应采用 PID 调节器，调节器参数应整定为

$$K_P = \frac{T_2 + T_3}{2K_1 K_2 K_3 T_1}, \quad T_I = T_2 + T_3, \quad T_D = \frac{T_2 T_3}{T_2 + T_3} \tag{5.22}$$

（4）被控对象由若干小惯性环节组成

$$G_0(s) = \frac{K_1}{T_1 s + 1} \frac{K_2}{T_2 s + 1} \cdots \frac{K_n}{T_n s + 1} \tag{5.23}$$

用一个较大惯性的惯性环节来近似，即令

$$G_0(s) = \frac{K}{Ts + 1}$$

式中，$T = T_1 + T_2 + \cdots + T_n$；$K = K_1 K_2 \cdots K_n$。

取期望模型为

$$G(s) = \frac{1}{2Ts(Ts + 1)} \tag{5.24}$$

则

$$G_c(s) = \frac{G(s)}{G_0(s)} = \frac{1}{2KTs} \tag{5.25}$$

应采用积分调节器。

（5）被控对象含有积分环节

$$G_0(s) = \frac{K_1}{s(T_1 s + 1)} \tag{5.26}$$

取期望模型为式（5.14），即时间常数与被控对象时间常数相同，则

$$G_c(s) = \frac{1}{2K_1 T_1} \tag{5.27}$$

应采用 P 调节器，参数整定为 $K_P = \frac{1}{2K_1 T_1}$。

5.3.3 按典型三阶系统设计

1. 典型三阶模型

上述典型二阶系统是工程上常用的一类系统，是一阶无差系统，抗干扰性能较差。下面介绍另一种期望模型——典型三阶模型，结构图和伯德图如图5.6所示，是一个2型系统，具有很好的稳态跟踪性能。

定义

$$h = \frac{\omega_2}{\omega_1} = \frac{T_1}{T_2} \qquad (5.28)$$

为中频宽度。由于中频段对系统的动态性能起决定性作用，所以 h 是一个很重要的参数。

2. 具有"最佳频比"的典型三阶模型

可以证明，当满足式（5.29）或式（5.30）时，所对应的闭环谐振值最小，称为"最佳频比"。

$$\frac{\omega_2}{\omega_c} = \frac{2h}{h+1} \qquad (5.29)$$

$$\frac{\omega_c}{\omega_1} = \frac{h+1}{2} \qquad (5.30)$$

具有最佳频比的典型三阶模型为

$$G(s) = \frac{h+1}{2h^2 T_2^2} \frac{h T_2 s + 1}{s^2 (T_2 s + 1)} \qquad (5.31)$$

考虑到参考输入和扰动输入两方面的性能指标，通常取中频宽度 $h = 5$。

（1）当被控对象为

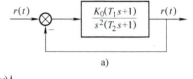

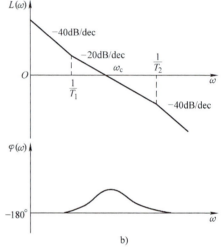

图 5.6 典型三阶模型
a）结构图 b）伯德图

$$G_0(s) = \frac{K_2}{s(T_2 s + 1)} \qquad (5.32)$$

因此

$$G_c(s) = \frac{G(s)}{G_0(s)} = \frac{h+1}{2 K_2 h T_2} \left(1 + \frac{1}{h T_2 s}\right) \qquad (5.33)$$

应采用 PI 调节器，参数整定为

$$K_P = \frac{h+1}{2 h K_2 T_2}, \quad T_1 = h T_2 \qquad (5.34)$$

（2）当被控对象为

$$G_0(s) = \frac{K_2}{s(T_2 s + 1)(T_3 s + 1)} \quad T_2 < T_3 \qquad (5.35)$$

则

$$G_c(s) = \frac{G(s)}{G_0(s)} = \frac{(h+1)(h T_2 + T_3)}{2 h^2 T_2^2 K_2} \left[1 + \frac{1}{(h T_2 + T_3)s} + \frac{h T_2 T_3}{h T_2 + T_3} s\right] \qquad (5.36)$$

应采用 PID 调节器，参数整定为

$$K_P = \frac{(h+1)\ (hT_2 + T_3)}{2h^2 T_2^2 K_2},\ \ T_1 = hT_2 + T_3,\ \ T_D = \frac{hT_2 T_3}{hT_2 + T_3} \tag{5.37}$$

3. 具有最大相位裕度的典型三阶模型

典型三阶模型的相位裕度为

$$\gamma = \tan^{-1}\omega_c T_1 - \tan^{-1}\omega_c T_2 \tag{5.38}$$

调整 K_0，即改变 ω_c 使 γ 取得最大值。设当 $\omega_c = \omega_0$ 时，γ 取最大值，由 γ 对 ω_c 的导数等于 0，得

$$\omega_0 = \sqrt{\omega_1 \omega_2} = \frac{1}{\sqrt{T_1 T_2}} = \frac{1}{\sqrt{h T_2}} \tag{5.39}$$

$$\gamma_{\max} = \tan^{-1}\frac{h-1}{2\sqrt{h}} \tag{5.40}$$

$$K_0 = \omega_0 \omega_1 = \frac{1}{h\sqrt{h T_2^2}} = \frac{\omega_2^2}{h\sqrt{h}} \tag{5.41}$$

具有最大相位裕度的典型三阶模型为

$$G(s) = \frac{hT_2 s + 1}{h\sqrt{h}T_2^2 s^2 (T_2 s + 1)} \tag{5.42}$$

设计过程同上，不赘述。

5.4　Simulink 在控制系统仿真中的应用

运用 MATLAB 命令编写程序，辅助设计控制系统。实际上，MATLAB 中有多个控制器设计软件包供调用，这里不叙述具体方法。下面介绍如何利用 MATLAB 中的 Simulink 对设计好的系统进行仿真，检验系统设计是否满足要求。

Simulink 是可以用于连续、离散以及混合的线性、非线性控制系统建模、仿真和分析的软件包，为用户提供了用方框图进行建模的图形接口，很适合用于控制系统的仿真。

在 MATLAB 命令窗口，键入 "Simulink"，或者单击窗口上面的 Simulink 图标，打开 Simulink 窗口。用鼠标单击 new model 图标或者选取菜单 File 中菜单 new 的 Model 命令，弹出一个 Untitled 窗口。新文件建立后，用菜单 File 中的 Save as 命令保存程序，这时要给该文件取名。

复制模块：打开模块子库，将鼠标移到所要复制的模块上，然后按下左键并拖动鼠标到目标窗口，再释放鼠标，或用右键在任意窗口内复制模块。

模块之间的连接：将鼠标移到一个模块的输入（出）端，按下左键，拖动鼠标到另一个模块的输出端，释放鼠标，连线完毕。如果要从一条已经存在的连线上引出另一条连线，先把鼠标移到这个连线上，按下右键，拖动鼠标到目标窗口，再释放鼠标。

选择与删除对象：用鼠标左键在所选对象上单击一下，被选对象出现相应标记。如果要删除模块或者连线，首先要选中该模块或者连线，然后再按 Delete 键。

选择 Simulation 菜单中的 Start，开始仿真。双击 Scope 模块打开示波器，仿真开始

后，示波器上显示出变量随时间变化的曲线。

例 5.1 用 Simulink 仿真设计控制系统。已知被控对象的传递函数为 $G_0(s) = \dfrac{20}{s(s+1)(s+2)}$，设计的控制器传递函数为 $G_c(s) = \dfrac{(s+0.7)(s+0.15)}{(s+7)(s+0.015)}$。

解 按照上面的步骤建立一个 Simulink 的 Untitled 窗口后，从 Sources 中将 Step 拖入 Untitled 窗口；从 Math Operations 中将 Subtract 拖入 Untitled 窗口；从 Continuous 中将 Zero-Pole 和 Transfer Fcn 以及 Integrator 拖入 Untitled 窗口；从 Sinks 中将 Scope 拖入 Untitled 窗口。如图 5.7 所示，从模块的输入端连到另一模块的输出端。把鼠标移到 Scope 模块前的一条线上，按下右键，拖动鼠标到 Subtract 的"-"端，再松开键，得到两者之间的连线。

选择 Simulation 菜单中的 Start，开始仿真。双击 Scope 模块打开示波器，仿真开始后，示波器上显示出校正后系统的响应曲线。

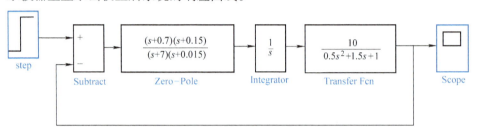

图 5.7　例 5.1 系统的 Simulink 仿真

5.5　本章小结

所谓校正就是在系统不可变部分的基础上，加入适当的校正元件，使系统满足给定的性能指标。

主要有两大类校正方法：分析法与综合法。

PID 控制规律及其对系统控制性能的影响。

PID 控制器一般由输入电路、运算电路和输出电路组成。

$\zeta = 0.707$ 的典型二阶系统称为最佳二阶系统。最佳二阶系统兼顾了快速性和相对稳定性能，是一阶无差系统。典型三阶模型是二阶无差系统。

最佳二阶系统、典型三阶系统设计 PID 控制器的工程设计方法。

运用 Simulink 仿真控制系统。

习　题

5.1　单位反馈伺服系统的开环传递函数为

$$G(s) = \frac{200}{s(0.1s+1)}$$

试按最佳二阶模型整定 PID 参数。

5.2　设开环传递函数

$$G(s) = \frac{10}{(s+1)(0.01s+1)}$$

试按最佳二阶模型整定 PID 参数。

5.3　设单位反馈系统的开环传递函数为

$$G(s) = \frac{8}{s(2s+1)}$$

试按具有最佳频比的典型三阶模型整定 PID 参数。

5.4　设单位反馈系统的开环传递函数为

$$G_0(s) = \frac{40}{s(0.2s+1)(0.0625s+1)}$$

试按具有最佳频比的典型三阶模型整定 PID 参数。

5.5　设未校正系统开环传递函数为

$$G_0(s) = \frac{10}{s(0.2s+1)(0.5s+1)}$$

试按具有最佳频比的典型三阶模型整定 PID 参数。

5.6　严重残疾的人可以使用移动式遥控装置作为辅助装置，如题 5.6 图所示。按照最佳二阶模型设计 PID 调节器 $G_c(s)$。

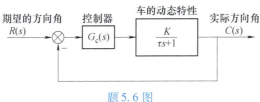

题 5.6 图

5.7　弧焊工业机器人的焊接控制系统如题 5.7 图所示，采用视觉系统测量金属烧结体的直径，控制电弧电流来控制焊条熔化过程。按照最佳二阶模型设计 PID 调节器 $G_c(s)$。

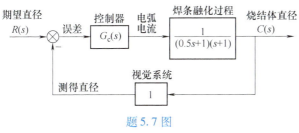

题 5.7 图

5.8　现代汽车制造厂广泛采用焊接机器人。焊接头位置控制如题 5.8 图所示，控制焊接头在车身上向不同方向移动，并快速而精确地响应。按照具有最佳频比的典型三阶模型设计 PID 调节器 $G_c(s)$。

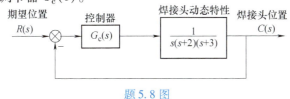

题 5.8 图

读一读

PID 调节器的诞生

1929 年，Leeds&Northrup 公司生产出一种电子机械控制器，加入了积分作用，成为 PI 控制器。但公司的产品并没有给自动控制带来太大影响。

1933 年，Tayor 公司（现已并入 ABB 公司）推出 56R Fulscope 型控制器，具有全可调比例控制能力的气动式调节器诞生。1934—1935 年，Foxboro 公司推出 40 型气动式调节器，这是第一种比例积分式控制器。

1936 年英国诺夫威治市帝国化学有限公司（Imperial Chemical Limited in Northwich, England）的 Albert Callender（考伦德）和 AIlan Stevenson（斯蒂文森）等人给出了 PID 控制器的方法，并于 1939 年获得美国专利，当时的表达式与现在的 PID 控制算法几乎相同。PID 控制是在自动控制技术中占有非常重要地位的控制方法。PID 控制完全不考虑能量、质量和效率等因素（钱学森《工程控制论》），却完成了对这些因素的控制调节功能。PID 控制方式适合相当多的被控对象，目前仍然广泛地运用于多数自动控制系统。

1940 年，Tayor 公司推出 Fulscope 100，是第一种拥有装在一个单元中的全 PID 控制能力的气动式控制器。新仪器提供了"预动作"（pre - act）控制作用，即微分作用。后来在相当长的时间里，微分作用都被称为"预动作"。

1942 年，Tayor 公司的 John G. Ziegler 和 Nathaniel B. Nichols 公布了著名的 Ziegler - Nichols 整定准则。

第二次世界大战期间，气动式 PID 控制器用于稳定火控伺服系统，以及用于合成橡胶、高辛烷航空燃料及第一颗原子弹所使用的 U - 235 等材料的生产控制。

模糊理论之父 L. A. Zadeh

L. A. Zadeh（扎德，1921—2017），美国自动控制专家，美国工程科学院院士。1921 年 2 月生于苏联巴库。1949 年获哥伦比亚大学电机工程博士。生前曾任加利福尼亚大学伯克利分校电机工程与计算机科学系教授。

Zadeh 在控制理论方面有非常重要的贡献。1949 年 Zadeh 在关于时变网络频率分析的博士论文中引入的时变变换函数的概念，成为线性时变系统分析的工具。1950—1952 年 Zadeh 和 J. R. Ragazzini（拉加齐尼）合作，推广了维纳预测理论，在设计有限存储滤波器和预测器中得到广泛应用。他们发展的采样控制系统的 Z 变换逼近，成为分析离散控制系统的重要工具。1953 年 Zadeh 给出一种设计非线性滤波器的新的逼近方法。1963 年 Zadeh 和 C. A. Desoer（德舍尔）合著的《线性系统的状态空间理论》成为该领域的经典著作。

1965 年，Zadeh 在《信息与控制》杂志第 8 期上发表《模糊集》的论文，引起了各国数学家和自动控制专家的注意。他提出模糊集合用语言变量代替数值变量来描述系统的行为，使人们找到了一种处理不确定性的方法，并给出一种较好的人类推理模式，从而提供了一种分析复杂系统的新方法。Zadeh 开创的模糊数学得到了迅速发展和广泛应用。Zadeh 因发展模糊集理论的先驱性工作而获电气与电子工程师学会（IEEE）的教育勋章。

Zadeh 于 2017 年 9 月 6 日逝世，享年 96 岁。

第6章

离散系统控制理论

计算机控制系统的广泛应用，使离散系统控制理论具有了越来越重要的地位。由于离散系统中存在采样、保持、数字处理等过程，所以具有一些独特的性能。

本章介绍离散系统控制理论。首先讨论采样与保持的数学描述，介绍差分方程、Z 变换等数学基础知识，然后介绍 Z 传递函数、结构图等离散系统的数学模型。在此基础上，着重介绍离散系统的稳定性判据和暂态性能、稳态性能计算方法，最后简单介绍数字 PID 控制。

6.1 信号的采样与保持

6.1.1 信号的采样

1. 采样过程

如图 6.1 所示计算机控制系统是典型的离散控制系统。被控对象是在连续信号作用下工作的，其控制信号 $u_1(t)$、输出信号 $c(t)$ 及其反馈信号 $f(t)$、参考输入信号 $r(t)$ 等均为连续信号，而计算机的输入、输出信号是离散的数字信号。

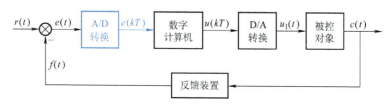

图 6.1　计算机控制系统框图

误差信号 $e(t)$ 经过模/数转换器（A/D）采样变成计算机能接受的数字信号 $e(kT)$。实际采样装置是多种多样的，但无论具体实现如何，其基本功能可以用一个开关来表示，通常称为采样开关，如图 6.2b 所示。连续信号 $e(t)$ 加在采样开关一端，采样开关以一定规律开闭，另一端便得到离散信号 $e^*(t)$。采样开关每次闭合时间 ε 极短，可以认为是瞬间完成。这样开关闭合一次，就得到连续信号 $e(t)$ 的某一时刻的值 $e(kT)$。

一个离散系统中往往存在多个采样开关。本章只讨论系统中所有采样开关同步等间隔采样的情况。采样间隔时间称为采样周期，常用 T 表示。

2. 采样信号的数学描述

为了对采样系统进行定量、定性研究，必须用数学表达式描述信号的采样过程，研究离散信号的性质。下面首先研究采样信号的数学表达式。

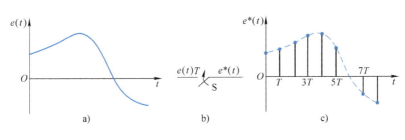

图6.2　采样过程

连续信号 $f(t)$ 经过以周期 T 均匀采样的采样开关，得到离散序列 $\{f(kT)\}$ $k=0,1,2,\cdots$。令 $f^*(t)$ 代表采样信号，可以表达为

$$f^*(t) = \sum_{k=0}^{+\infty} f(kT)\delta(t-kT) \tag{6.1}$$

式（6.1）是采样信号的数学表达式。由式（6.1）可求出采样信号的拉普拉斯变换表达式。对式（6.1）进行拉普拉斯变换，得

$$F^*(s) = \sum_{k=0}^{+\infty} f(kT)e^{-kTs} \tag{6.2}$$

式（6.2）是采样信号的拉普拉斯变换式，后面将由式（6.2）建立 Z 变换与拉普拉斯变换之间的联系。

6.1.2　采样信号的保持

1. 采样定理

在计算机控制系统中，计算机的输出是数字序列，需要经过数/模转换器（D/A），变成连续的控制信号，从而驱动控制装置。这种将离散信号变为连续信号的过程称为复现或保持。复现信号的装置通常称为保持器。

需要满足什么条件才能从离散信号复现出连续信号？香农（Shannon）采样定理从理论上给出了信号能够被复现的条件。

采样定理：若采样器的采样频率 ω_s 大于或等于其输入连续信号 $f(t)$ 的频谱中最高频率 ω_{max} 的两倍，即 $\omega_s \geq 2\omega_{max}$，则理论上能够从采样信号 $f^*(t)$ 中完全复现 $f(t)$。

2. 保持器

采样定理指出：当采样频率大于原连续信号频谱所含最高频率的两倍时，可以恢复到原连续信号，只是需要如图6.3所示理想滤波器，但这种理想滤波器实际上是不存在的。在工程上，通常用一些特性上与理想滤波器相近的低通滤波器来代替。例如"零阶保持器""一阶保持器"以及"高阶保持器"等。

最简单最常用的保持器是零阶保持器（Zero-Order Hold，ZOH），与一阶、高阶保持器相比，零阶保持器具有相位滞后小以及易于工程实现等优点。在离散系统中一般都采用零阶保持器，很少采用一阶保持器和高阶保持器。

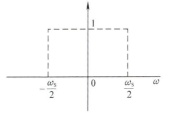

图6.3　理想滤波器

零阶保持器的作用是把某一采样时刻 kT 的采样值 $f(kT)$ 恒定地保持到下一个采样时刻 $(k+1)T$，即在 $t \in [kT, (k+1)T)$ 区间内，零阶保持器的输出值一直保持为 $f(kT)$，如图6.4所示。

为了研究保持器的特性，用一已知的连续信号 $f(t)$ 的采样值 $f^*(t)$ 加在保持器的输入端，研究输出波形 $f_h(t)$ 与 $f(t)$ 之间的差别，可以看出保持器的特性。

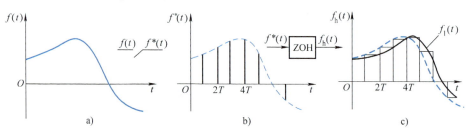

图6.4 零阶保持器的功能

从图6.4可以看出，连续信号 $f(t)$ 经过采样，得到离散信号 $f^*(t)$，$f^*(t)$ 再经过零阶保持器得到连续的阶梯信号 $f_h(t)$，如果把 $f_h(t)$ 的高频分量滤掉，得到连续光滑的信号 $f_1(t)$，$f_1(t)$ 与 $f(t)$ 形状近似相同，只是滞后了半个采样周期，这是零阶保持器引起的。从上面的分析看出，零阶保持器基本上把 $f^*(t)$ 恢复到了 $f(t)$。

为了满足系统分析、设计的需要，还必须建立零阶保持器的数学模型。

零阶保持器的输出 $f_h(t)$ 是等间隔的阶梯信号

$$f_h(t) = \sum_{k=0}^{+\infty} f(kT)[1(t-kT) - 1(t-kT-T)] \tag{6.3}$$

取拉普拉斯变换得

$$\begin{aligned}
F_h(s) &= \sum_{k=0}^{+\infty} f(kT)\{L[1(t-kT) - 1(t-kT-T)]\} \\
&= \sum_{k=0}^{+\infty} f(kT)\left[\frac{1}{s}e^{-kTs} - \frac{1}{s}e^{-(k+1)Ts}\right] = \sum_{k=0}^{+\infty} f(kT)e^{-kTs}\frac{1-e^{-Ts}}{s} \\
&= \frac{1-e^{-Ts}}{s}\sum_{k=0}^{+\infty} f(kT)e^{-kTs} \\
&= \frac{1-e^{-Ts}}{s}F^*(s)
\end{aligned}$$

因此，零阶保持器的传递函数为

$$G_{oh}(s) = \frac{F_h(s)}{F^*(s)} = \frac{1-e^{-Ts}}{s} \tag{6.4}$$

零阶保持器的频率特性为

$$G_{oh}(j\omega) = \frac{1-e^{-j\omega T}}{j\omega} \tag{6.5}$$

零阶保持器和理想滤波器的频谱具有相同的特征，但有一些差别。零阶保持器也是低通滤波器，但没有截止频率，除了允许基带频谱通过外，还允许各次谐波通过一小部分，而且，具有半个采样周期的纯滞后。由零阶保持器复现的信号与原信号有些差别。

零阶保持器功能比较简单，容易实现。步进电动机就是一个实际的例子，它接受一个脉冲信号后转动一步，至下一个信号到来之前，其转角一直保持不变。计算机的寄存器和数/模转换器，也具有零阶保持器的作用。寄存器把 kT 时刻的数字一直保持到下一个采样时刻，而数/模转换器把数字（数码）转换成模拟量，恢复原信号。

6.2　差分方程

对于采样控制系统，系统中一些元件是连续式的，连续式元件可由微分方程或传递函数描述，但由于系统中某些地方的信号是断续的或采样的，所以，需要用差分方程或 Z 传递函数描述连续元件输入、输出采样时刻的值之间的关系。

在离散时间系统中，信号的自变量 k 是离散的整型值，需要用差分方程描述系统的动态特性。

控制理论中研究得较多的是线性定常离散系统，用 n 阶常系数线性差分方程描述为

$$y(k) + a_1 y(k-1) + \cdots + a_n y(k-n)$$
$$= b_0 u(k) + b_1 u(k-1) + \cdots + b_m u(k-m) \tag{6.6}$$

与微分方程的数值解法相比，差分方程的数值解法非常简单，尤其适合于计算机进行迭代运算。

首先将式（6.6）写成递推形式

$$y(k) = b_0 u(k) + b_1 u(k-1) + \cdots + b_m u(k-m) - a_1 y(k-1) - \cdots - a_n y(k-n)$$
$$\tag{6.7}$$

给定初始条件 $y(-1)$，$y(-2)$，$\cdots$，$y(-n)$ 和输入信号序列 $\{u(k)\}$，可计算出 $y(0)$，

$$y(0) = b_0 u(0) + b_1 u(-1) + \cdots + b_m u(-m) - a_1 y(-1) - \cdots - a_n y(-n)$$

得出 $y(0)$ 后，可求得 $y(1)$，即

$$y(1) = b_0 u(1) + b_1 u(0) + \cdots + b_m u(1-m) - a_1 y(0) - \cdots - a_n y(1-n)$$

重复这种步骤，可求出 $\{y(k), k=0, 1, 2, \cdots\}$。

一般，当求出 $y(k-1)$ 及其以前的输出序列后，可由式（6.7）计算出 $y(k)$。

例 6.1　若描述离散系统的差分方程为 $y(k) + 2y(k-1) = u(k) - u(k-1)$，已知
$u(k) = \begin{cases} k^2 & k \geqslant 0 \\ 0 & k < 0 \end{cases}$　$y(0) = 1$，用递推法求解该差分方程。

解　把 $u(k)$ 的表达式代入差分方程得

$$y(k) + 2y(k-1) = k^2 - (k-1)^2 = 2k - 1 \quad k \geqslant 1$$

则

$$y(k) = -2y(k-1) + 2k - 1 \tag{6.8}$$

由式（6.8）递推得到

$$y(1) = -2y(0) + 2 \times 1 - 1 = -1$$
$$y(2) = -2y(1) + 2 \times 2 - 1 = 5$$
$$y(3) = -2y(2) + 2 \times 3 - 1 = -5$$
$$y(4) = -2y(3) + 2 \times 4 - 1 = 17$$
$$\vdots$$

用递推法解差分方程必须已知初始条件和输入序列，而且只能得到输出序列的有限项。如果要得到差分方程的解析解，可以采用经典解法，类似于微分方程的经典解法。

6.3 Z 变换

6.3.1 Z 变换的定义

拉普拉斯变换（又称 L 变换）和傅里叶变换（又称 F 变换）等积分变换，在微分方程求解中获得了广泛的应用。线性常系数微分方程通过 L 变换变成代数方程，使求解微分方程得到简化。拉普拉斯变换与傅里叶变换是分析线性连续系统的主要工具。对于差分方程也存在类似的变换，这就是本节要介绍的 Z 变换。

下面，首先给出 Z 变换的数学定义，然后，建立 L 变换与 Z 变换之间的关系，从而沟通这两种方法的联系。

1. Z 变换的定义

设由一离散序列 $\{f(k)\}$，$k = 0,1,2,\cdots$ 构成的级数

$$\sum_{k=0}^{+\infty} f(k)z^{-k} \tag{6.9}$$

收敛，则定义该级数为离散序列 $\{f(k)\}$，$k = 0,1,2,\cdots$ 的 Z 变换，或称为单边 Z 变换，记为 $Z\{f(k)\}$ 或 $F(z)$，即

$$Z\{f(k)\} = F(z) = \sum_{k=0}^{+\infty} f(k)z^{-k} \quad |z| > R \tag{6.10}$$

式中，R 为该级数的绝对收敛半径。

由上述 Z 变换的定义可以直接求得一些简单离散序列的 Z 变换。

例 6.2 求 $f(k) = \begin{cases} 1 & k=0 \\ 0 & k \geqslant 1 \end{cases}$ 的 Z 变换。

解 $$F(z) = 1 + 0z^{-1} + 0z^{-2} + \cdots = 1$$

例 6.3 求 $f(k) = \begin{cases} 1 & k=2 \\ 0 & k \neq 2 \end{cases}$ 的 Z 变换。

解 $$F(z) = 0 + 0z^{-1} + 1z^{-2} + 0z^{-3} + \cdots = z^{-2}$$

例 6.4 求 $f(k) = 1$，$k \geqslant 0$ 的 Z 变换。

解 $$F(z) = 1 + z^{-1} + z^{-2} + \cdots$$

根据幂级数收敛条件，当 $|z| > 1$，有

$$F(z) = \frac{1}{1 - z^{-1}} = \frac{z}{z - 1}$$

注意到，Z 变换定义中的 $\{f(k)\}$ 可以是任意的数字序列。在控制工程中，离散序列一般由对连续信号进行采样得到。

设原连续信号为 $f(t)$，经理想采样得到的离散信号序列为 $\{f(kT)\}$，则由 Z 变换的定义，采样序列的 Z 变换定义为

$$F(z) = \sum_{k=0}^{+\infty} f(kT) z^{-k} \qquad (6.11)$$

2. 从 L 变换到 Z 变换

下面基于离散信号的 L 变换，得到 L 变换与 Z 变换之间的关系。

设连续函数 $f(t)$ 存在 L 变换，$F(s) = \mathscr{L}[f(t)]$。对连续信号 $f(t)$ 进行采样，得到的离散信号 $f^*(t)$ 为

$$f^*(t) = \sum_{n=0}^{+\infty} f(kT)\delta(t - kT) \qquad (6.12)$$

$f^*(t)$ 的 L 变换为

$$F^*(s) = \sum_{k=0}^{+\infty} f(kT) \mathrm{e}^{-kTs} \qquad (6.13)$$

式（6.13）称为离散信号的 L 变换，可以看出，虽然对离散信号可以进行拉普拉斯变换，但 $F^*(s)$ 是 s 的超越函数，很难进行分析，因此，要采用 Z 变换。将 $F^*(s)$ 与 Z 变换定义式相比较，容易看出

$$F(z) = F^*(s)\Big|_{s = \frac{1}{T}\ln z} \qquad (6.14)$$

可见，Z 变换仅仅在 L 变换中作了变量代换，这个结果非常有用。

从式（6.13）可以看出，离散信号的 L 变换 $F^*(s)$ 已不是 s 的线性函数，而是包含了指数因子 e^{-kTs} 的超越函数，用它来分析离散系统是非常麻烦的。在式（6.14）中，作了上述变量代换后，变为 z^{-1} 的线性表达式，从而获得 L 变换应用于线性连续系统所具有的一切优点。

根据上面的分析，得到 L 变换与 Z 变换的关系式为

$$z = \mathrm{e}^{Ts} \qquad (6.15a)$$

或

$$s = \frac{1}{T}\ln z \qquad (6.15b)$$

式（6.15）反映了 S 域分析设计与 Z 域分析设计的重要关系。

6.3.2　Z 变换的基本定理

利用 Z 变换的基本定理，可以方便地求出某些函数的 Z 变换或者求出象函数 $F(z)$ 的 Z 反变换，也可以根据函数的 Z 变换式推知原函数的性质，它们在分析离散系统时很有用处。

下面先简单介绍离散系统理论中几个常用的基本定理。

1. 线性定理

设函数 $f(t)$、$f_1(t)$ 和 $f_2(t)$ 的 Z 变换分别为 $F(z)$、$F_1(z)$ 和 $F_2(z)$，且 a 为常数或为与 t 和 z 无关的变量，则有

$$Z[af(t)] = aF(z) \qquad (6.16)$$

$$Z[f_1(t) \pm f_2(t)] = F_1(z) \pm F_2(z) \qquad (6.17)$$

式（6.16）称为齐次性条件，式（6.17）称为叠加性条件。一般情况下，满足齐次性条件的系统并不一定满足叠加性条件。

应用线性定理，可以根据简单函数的 Z 变换式，求出某些由简单函数线性组合而成的复杂函数的 Z 变换式。

Z 变换的线性定理不难推广到有多个函数线性组合的情形。

2. 滞后定理

设函数 $f(t)$ 的 Z 变换为 $F(z)$，则有

$$Z[f(t-mT)] = Z[e^{-mTs}F(s)] = z^{-m}F(z) + \sum_{k=0}^{m-1}f[(k-m)T]z^{-k} \qquad (6.18)$$

若当 $t<0$ 时，$f(t) = 0$，则有

$$Z[f(t-mT)] = z^{-m}F(z) \qquad (6.19)$$

3. 超前定理

设函数 $f(t)$ 的 Z 变换为 $F(z)$，则有

$$Z[f(t+mT)] = z^m\left[F(z) - \sum_{k=0}^{m-1}f(kT)z^{-k}\right] \qquad (6.20)$$

若 $k=0,1,\cdots,m-1$ 时，$f(kT) = 0$，则有

$$Z[f(t+mT)] = z^m F(z) \qquad (6.21)$$

滞后定理与超前定理统称为平移定理，是差分方程 Z 变换求解的主要依据。

4. 初值定理

设函数 $f(t)$ 的 Z 变换为 $F(z)$，则有

$$f(0) = \lim_{t\to 0}f(t) = \lim_{z\to\infty}F(z) \qquad (6.22)$$

$$f(mT) = \lim_{z\to\infty}z^m\left[F(z) - \sum_{k=0}^{m-1}f(kT)z^{-k}\right] \quad m = 0,1,2,\cdots \qquad (6.23)$$

由式（6.23）可以得出结论：若 $F(z)$ 是有理函数，且 $f(kT) = 0$，$(k = 0,1,\cdots,(m-1))$，$f(mT) \neq 0$，则 $F(z)$ 的分母多项式比分子多项式高 m 次。

因此，如果 $F(z)$ 是关于 z 的有理函数，则可以根据它的分子和分母多项式的次数，确定 $F(z)$ 所对应的序列 $f(kT)$ 有多少个初始值为零。如果 $f(0) \neq 0$，那么，$F(z)$ 的分子与分母多项式有相同的次数。

应用初值定理很容易根据一个函数的 Z 变换，直接求得其离散序列的值。

例 6.5 已知 $F(z) = \dfrac{2z^2 + 3z + 12}{(z-1)^4}$，求 $f(0)$，$f(T)$，$f(2T)$，$f(3T)$。

解 $F(z)$ 的分母比分子的次数高两次，所以

$$f(0) = f(T) = 0$$
$$f(2T) = \lim_{z\to\infty}z^2 F(z) = 2$$
$$f(3T) = \lim_{z\to\infty}z^3\left[F(z) - 2z^{-2}\right] = 11$$

5. 终值定理

设函数 $f(t)$ 的 Z 变换为 $F(z)$，$(z-1)F(z)$ 在 Z 平面以原点为圆心的单位圆上和圆外均没有极点，则有

$$f(\infty) = \lim_{t\to\infty}f(t) = \lim_{k\to\infty}f(kT) = \lim_{z\to 1}(z-1)F(z) \qquad (6.24)$$

证明：由 Z 变换的定义得

$$Z[f(t)] = \sum_{k=0}^{+\infty} f(kT) z^{-k} = F(z)$$

由超前定理得

$$Z[f(t+T)] = zF(z) - zf(0)$$

上面两式相减得

$$Z[f(t+T)] - Z[f(t)] = zF(z) - zf(0) - F(z)$$
$$= (z-1)F(z) - zf(0)$$

由线性定理，上式可写成

$$Z[(f(t+T) - f(t)] = (z-1)F(z) - zf(0)$$

或

$$\sum_{k=0}^{+\infty} [f(kT+T) - f(kT)] z^{-k} = (z-1)F(z) - zf(0)$$

上式两边取 $z \to 1$ 的极限，得

$$\sum_{k=0}^{+\infty} [f(kT+T) - f(kT)] = \lim_{z \to 1} (z-1)F(z) - f(0)$$

注意

$$\sum_{k=0}^{+\infty} [f(kT+T) - f(kT)] = f(T) - f(0) + f(2T) - f(T) + \cdots = -f(0) + f(\infty)$$

所以，有

$$f(\infty) - f(0) = \lim_{z \to 1} (z-1)F(z) - f(0)$$

则

$$f(\infty) = \lim_{z \to 1} (z-1)F(z)$$

例 6.6　设 $F(z) = \dfrac{0.792z^2}{(z-1)(z^2 - 0.416z + 0.208)}$，试确定 $f^*(t)$ 的终值。

解　$z^2 - 0.416z + 0.208 = 0$ 的根为 $z_{1,2} = 0.208 \pm j0.406$，$|z_{1,2}| = 0.456 < 1$，即 $(z-1)F(z)$ 的极点都在单位圆内，满足终值定理条件，由式（6.24），得

$$f(\infty) = \lim_{z \to 1} (z-1)F(z) = \lim_{z \to 1} \frac{0.792z^2}{z^2 - 0.416z + 0.208}$$
$$= \frac{0.792}{1 - 0.416 + 0.208} = 1$$

应用终值定理时，要特别注意其条件，否则会得出错误的结论。下面举例说明。

设 $F(z) = \dfrac{z}{(z-1)(z-2)}$，因为 $(z-1)F(z) = \dfrac{z}{z-2}$ 有一个极点 $z = 2$，显然，$|z| = 2 > 1$，不满足终值定理的条件，所以，不能用终值定理计算。否则会得出

$$f(\infty) = \lim_{z \to 1} (z-1)F(z) = \lim_{z \to 1} \frac{z}{z-2} = -1$$

的错误结论。实际上，$f(t)$ 随着 t 的增加而趋于无穷。

6.3.3　Z 变换的基本方法

有多种求取 Z 变换的方法。下面介绍以 Z 变换基本定理为依据的**部分分式法**。

设函数 $f(t)$ 的 L 变换 $F(s)$ 是有理函数，写成如下形式

$$F(s) = \frac{N(s)}{M(s)}$$

式中，$M(s)$、$N(s)$ 为 s 的多项式。

由部分分式理论，$F(s)$ 可以展开为

$$F(s) = \sum_{i=1}^{n} \frac{A_i}{s - p_i} \tag{6.25}$$

$$f(t) = L^{-1}[F(s)] = \sum_{i=1}^{n} A_i e^{-p_i t} \tag{6.26}$$

则

$$F(z) = Z[f(t)] = Z\left[\sum_{i=1}^{n} A_i e^{-p_i t}\right] = \sum_{i=1}^{n} A_i Z[e^{-p_i t}] = \sum_{i=1}^{n} \frac{A_i z}{z - e^{-p_i T}} \tag{6.27}$$

可见，只要把 $F(s)$ 进行部分分式得到 A_i、p_i（$i = 1, 2, \cdots, n$），就可以立即写出 $F(s)$ 的 Z 变换式。

$$F(z) = \sum_{i=1}^{n} \frac{A_i z}{z - e^{-p_i T}} \tag{6.28}$$

例 6.7 求 $F(s) = \dfrac{a}{s(s + a)}$ 的 Z 变换。

解 将 $F(s)$ 展开为部分分式

$$F(s) = \frac{1}{s} - \frac{1}{s + a}$$

即 $A_1 = 1$，$p_1 = 0$，$A_2 = -1$，$p_2 = -a$，则

$$Z[F(s)] = \frac{z}{z - 1} - \frac{z}{z - e^{-aT}} = \frac{z(1 - e^{-aT})}{z^2 - (1 + e^{-aT})z + e^{-aT}}$$

把常用的函数及其 Z 变换列成对照表，求取 Z 变换时，直接查表。这种方法在实际工作中非常简单有用。当然，不可能所有函数的 Z 变换式都能在表中直接查到。在查表时，首先对所求函数作一些变化，以适合 Z 变换表。例如，进行部分分式展开或应用 Z 变换基本定理等。

表 6.1 是一张简短而实用的 Z 变换简表，表中的变换经常用到。

表 6.1 Z 变换简表

$f(t)$ 或 $f(k)$	$F(s)$	$F(z)$	说　明
$\delta(t)$	1	1	
$1(t)$	$\dfrac{1}{s}$	$\dfrac{1}{1 - z^{-1}}$	
e^{-at}	$\dfrac{1}{s + a}$	$\dfrac{1}{1 - e^{-aT}z^{-1}}$	当 $a = 0$ 时，得 $1(t)$ 的 Z 变换
te^{-at}	$\dfrac{1}{(s + a)^2}$	$\dfrac{Tz^{-1}e^{-aT}}{(1 - e^{-aT}z^{-1})^2}$	当 $a = 0$ 时，得 t 的 Z 变换
a^k		$\dfrac{1}{1 - az^{-1}}$	a 可以是实数或复数
$\sin\omega t$	$\dfrac{\omega}{s^2 + \omega^2}$	$\dfrac{z^{-1}\sin\omega T}{1 - 2z^{-1}\cos\omega T + z^{-2}}$	

6.3.4 Z 反变换

把离散序列 $\{f(kT)\}$ 变换成 $F(z)$ 称为 Z 变换，反之，从 $F(z)$ 求出 $\{f(kT)\}$ 称为 Z 反变换，记为 $Z^{-1}[F(z)]$。

我们关心的往往是 $f(t)$，所以，可以认为 Z 反变换是从 $F(z)$ 求出连续函数 $f(t)$。下面介绍最常用的部分分式法。与拉普拉斯反变换中的部分分式法相似，也是先将 $F(z)$ 展开成部分分式之和，然后求出各部分分式的 Z 反变换，由 Z 变换线性定理，$F(z)$ 的 Z 反变换等于各部分分式的反变换之和。

从变换表中可以看到，所有 Z 变换函数 $F(z)$ 的分子上都有因子 z。因此，先将 $F(z)$ 除以 z，然后将 $F(z)/z$ 展开成部分分式，展开后再乘以 z，即得 $F(z)$ 的部分分式展开式，即

$$\frac{F(z)}{z} = \sum_{i=1}^{n} \frac{A_i}{z - B_i} \tag{6.29}$$

$$F(z) = \sum_{i=1}^{n} \frac{A_i z}{z - B_i} \tag{6.30}$$

$$f(kT) = Z^{-1}\left[\sum_{i=1}^{n} \frac{A_i z}{z - B_i}\right] = \sum_{i=1}^{n} Z^{-1}\left[\frac{A_i z}{z - B_i}\right]$$

$$= \sum_{i=1}^{n} A_i Z^{-1}\left[\frac{z}{z - B_i}\right]$$

则

$$f(kT) = \sum_{i=1}^{n} A_i B_i^k \tag{6.31}$$

$$f^*(t) = \sum_{k=0}^{+\infty} \left(\sum_{i=1}^{n} A_i B_i^k\right) \delta(t - kT) \tag{6.32}$$

可见，只要对 $F(z)/z$ 进行部分分式展开求得 A_i，B_i（$i = 1$，2，$\cdots$），就可由式（6.31）和式（6.32）直接写出 $F(z)$ 的 Z 反变换 $f(kT)$ 和 $f^*(t)$。

例 6.8 求 $F(z) = \dfrac{10z}{z^2 - 3z + 2}$ 的 Z 反变换。

解 $$F(z)/z = \frac{10}{z^2 - 3z + 2} = \frac{10}{(z-1)(z-2)} = \frac{-10}{z-1} + \frac{10}{z-2}$$

$$F(z) = -10\frac{z}{z-1} + 10\frac{z}{z-2}$$

即 $A_1 = -10$，$B_1 = 1$，$A_2 = 10$，$B_2 = 2$，则

$$f(kT) = -10(1 - 2^k)$$

$$f^*(t) = \sum_{k=0}^{+\infty} 10(2^k - 1)\delta(t - kT)$$

6.4 Z 传递函数

6.4.1 Z 传递函数的概念

类似于连续系统中"传递函数"的定义，系统的 Z 传递函数定义为

定义 在零初始条件下，线性定常系统（环节）的输出采样信号的 Z 变换与输入采样信号的 Z 变换之比，称为该系统（环节）的 Z 传递函数或脉冲传递函数，记为 $G(z)$，即

$$G(z) = \frac{C(z)}{R(z)} \tag{6.33}$$

式中，$R(z)$、$C(z)$ 分别为系统（环节）输入、输出的采样信号的 Z 变换。

差分方程和 Z 传递函数是对系统特性的不同数学描述，虽然形式不同，但本质一样，可以相互转换。

设描述系统的差分方程为

$$y(k) + a_1 y(k-1) + \cdots + a_n y(k-n) = b_0 x(k) + b_1 x(k-1) + \cdots + b_m x(k-m) \tag{6.34}$$

可以直接写出该系统（或环节）的 Z 传递函数为

$$G(z) = \frac{Y(z)}{X(z)} = \frac{b_0 + b_1 z^{-1} + \cdots + b_m z^{-m}}{1 + a_1 z^{-1} + a_2 z^{-2} + \cdots + a_n z^{-n}} \tag{6.35}$$

设离散系统如图 6.5 所示。

系统的 Z 传递函数为

$$G(z) = Z[G(s)] \tag{6.36}$$

式（6.36）表明了 Z 传递函数 $G(z)$ 和传递函数 $G(s)$ 的关系，是求取系统 Z 传递函数的一个常用公式。

图 6.5 离散系统

6.4.2 开环 Z 传递函数

对线性离散系统，开环 Z 传递函数的定义和线性连续系统中的开环传递函数的定义相似，定义为系统在开环状态下反馈环节输出信号的 Z 变换 $Y(z)$ 与偏差信号的 Z 变换 $E(z)$ 之比。即

$$W(z) = \frac{Y(z)}{E(z)} \tag{6.37}$$

离散系统在开环状态下的结构可以归结为图 6.6a、b 两种形式所示。

下面分别讨论它们的 Z 传递函数。

先讨论第一种情况。这时第二个环节的输入量是连续的，所以总的 Z 传递函数并不等于两个环节的 Z 传递函数之积。可把这两个串联的环节等效地看成输入有采样开关的一个环节，该环节的传递函数是 $W(s) = G(s)H(s)$，由式（6.36），得开环 Z 传递函数为

图 6.6 开环 Z 传递函数

$$\frac{Y(z)}{E(z)} = Z[G(s)H(s)]$$

为简化记号，记

$$GH(z) = Z[G(s)H(s)] \tag{6.38}$$

则开环 Z 传递函数为

$$\frac{Y(z)}{E(z)} = Z[G(s)H(s)] = GH(z) \tag{6.39}$$

下面讨论第二种情况。由图 6.6b 得

$$C(s) = G(s)E^*(s) \tag{6.40}$$

$$Y(s) = H(s)C^*(s) \tag{6.41}$$

对式（6.40）和式（6.41）进行采样得

$$C^*(s) = G^*(s)E^*(s)$$

$$Y^*(s) = H^*(s)C^*(s)$$

则

$$Y^*(s) = H^*(s)G^*(s)E^*(s) \tag{6.42}$$

Z 变换为

$$Y(z) = H(z)G(z)E(z) \tag{6.43}$$

所以，开环 Z 传递函数为

$$\frac{Y(z)}{E(z)} = G(z)H(z) \tag{6.44}$$

注意 $GH(z)$ 与 $G(z)H(z)$ 的差别，$GH(z) \neq G(z)H(z)$。

图 6.6 也可以认为是离散系统结构图中任意两个方块串联的情况，式（6.39）和式（6.44）是等效的总传递函数，在简化系统结构图时经常用到。

例 6.9　如图 6.7 所示为某系统中锁相环的方框图，求系统的开环 Z 传递函数。

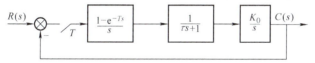

图 6.7　锁相环系统

解　系统开环 Z 传递函数为

$$W(z) = Z\left(\frac{1-\mathrm{e}^{-Ts}}{s} \frac{1}{\tau s + 1} \frac{K_0}{s}\right) = K_0(1 - z^{-1})Z\left[\frac{1}{s^2(\tau s + 1)}\right]$$

$$= K_0(1 - z^{-1})Z\left(\frac{1}{s^2} - \frac{\tau}{s} + \frac{\tau}{s + \frac{1}{\tau}}\right)$$

$$= K_0(1 - z^{-1})\left[\frac{Tz}{(z-1)^2} - \frac{\tau z}{z-1} + \frac{\tau z}{z - \mathrm{e}^{-\frac{T}{\tau}}}\right]$$

$$= K_0\left[\frac{T}{z-1} - \tau + \frac{\tau(z-1)}{z - \mathrm{e}^{-\frac{T}{\tau}}}\right]$$

若取 $K_0 = 1$，$T = 1$，$\tau = 1$，则系统的开环 Z 传递函数为

$$W(z) = \frac{0.368z + 0.264}{(z-1)(z-0.368)}$$

6.4.3　闭环 Z 传递函数

由于采样器在闭环系统中有多种配置的可能性，有时不能写成闭环 Z 传递函数的表达式，只能写成系统输出的 Z 变换表达式。下面介绍典型系统的闭环 Z 传递函数。

例 6.10 最常见的采样系统如图 6.8 所示。

解 由图 6.8 得

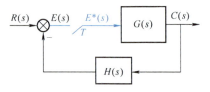

$$C(s) = G(s)E^*(s) \qquad (6.45)$$
$$E(s) = R(s) - H(s)C(s)$$

所以

$$E(s) = R(s) - H(s)G(s)E^*(s)$$

对上式采样，得

图 6.8　闭环控制采样系统

$$E^*(s) = R^*(s) - [G(s)H(s)]^* E^*(s)$$

则

$$E^*(s) = \frac{R^*(s)}{1 + [G(s)H(s)]^*} \qquad (6.46)$$

对式（6.45）进行采样，即对被控对象 $G(s)$ 的输出 $C(s)$ 进行采样得

$$C^*(s) = [G(s)E^*(s)]^* = G^*(s)E^*(s) = \frac{G^*(s)R^*(s)}{1 + [G(s)H(s)]^*} \qquad (6.47)$$

则 Z 变换为

$$C(z) = \frac{G(z)R(z)}{1 + GH(z)} \qquad (6.48)$$

系统闭环 Z 传递函数为

$$\Phi(z) = \frac{C(z)}{R(z)} = \frac{G(z)}{1 + GH(z)} \qquad (6.49)$$

从上面推导过程还可以得到系统的误差传递函数

$$\Phi_e(z) = \frac{E(z)}{R(z)} = \frac{1}{1 + GH(z)} \qquad (6.50)$$

在上述推导中应特别注意的是，作为反馈环节 $H(s)$ 输入信号的 $C(s)$ 不能用采样信号 $C^*(s)$ 代替。因为，对一个系统连续输入信号的响应和离散输入信号的响应是截然不同的，而作为输出信号的 $c(t)$ 或 $C(s)$，可以只研究其采样时刻的值，对它进行采样。这一点必须认识清楚，否则会得到错误结果。

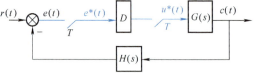

例 6.11 数字控制系统的一般结构如图 6.9 所示，求系统闭环 Z 传递函数。图中，D 是数字校正装置或计算机控制规律，其输入与输出都是离散序列，设它的 Z 传递函数为

图 6.9　数字控制系统

$$D(z) = \frac{U(z)}{E(z)} \qquad (6.51)$$

解 由图 6.9 所示结构得

$$C(s) = G(s)U^*(s) \qquad (6.52)$$
$$E(s) = R(s) - H(s)C(s) = R(s) - G(s)H(s)U^*(s)$$

对 $E(s)$ 采样得

$$E^*(s) = R^*(s) - [G(s)H(s)]^* U^*(s)$$

则
$$E(z) = R(z) - GH(z)U(z) \tag{6.53}$$

将式（6.51）代入式（6.53），得
$$E(z) = R(z) - GH(z)D(z)E(z)$$

$$E(z) = \frac{R(z)}{1 + GH(z)D(z)} \tag{6.54}$$

由式（6.52），对输出 $C(s)$ 进行采样，得
$$C^*(s) = [G(s)U^*(s)]^* = G^*(s)U^*(s)$$

则
$$C(z) = G(z)U(z) = G(z)D(z)E(z) = \frac{D(z)G(z)}{1 + D(z)GH(z)}R(z) \tag{6.55}$$

所以，闭环 Z 传递函数为
$$\Phi(z) = \frac{C(z)}{R(z)} = \frac{D(z)G(z)}{1 + D(z)GH(z)} \tag{6.56}$$

从上面推导过程可以得到闭环误差 Z 传递函数，即由式（6.54）得
$$\Phi_e(z) = \frac{E(z)}{R(z)} = \frac{1}{1 + D(z)GH(z)} \tag{6.57}$$

6.5 稳定性分析

判别离散系统稳定性的代数方法有朱利（Jury）判据和舒尔 – 科恩（Schur-Cohn）判据。这些方法和连续系统中的劳斯、赫尔维兹判据很相似。另外一类方法是将连续方法转换到离散系统中，例如双线性变换方法。本节简单介绍朱利稳定判据和修正劳斯判据。

6.5.1 朱利稳定判据

设系统的特征方程为
$$D(z) = a_n z^n + a_{n-1}z^{n-1} + \cdots + a_1 z + a_0 = 0 \tag{6.58}$$

不失一般性，设系统特征方程式（6.58）中 $a_n > 0$。列表如下

1	a_0	a_1	a_2	$\cdots$	a_{n-j}	$\cdots$	a_{n-2}	a_{n-1}	a_n
2	a_n	a_{n-1}	a_{n-2}	$\cdots$	a_j	$\cdots$	a_2	a_1	a_0
3	b_0	b_1	b_2	$\cdots$	b_{n-j}	$\cdots$	b_{n-2}	b_{n-1}	
4	b_{n-1}	b_{n-2}	b_{n-3}	$\cdots$	b_{j-1}	$\cdots$	b_1	b_0	
5	c_0	c_1	c_2	$\cdots$	c_{n-j}	$\cdots$	c_{n-2}		
6	c_{n-2}	c_{n-3}	c_{n-4}	$\cdots$	c_{j-2}	$\cdots$	c_0		
$\vdots$	$\vdots$	$\vdots$	$\vdots$	$\vdots$					
$2n-5$	s_0	s_1	s_2	s_3					
$2n-4$	s_3	s_2	s_1	s_0					
$2n-3$	r_0	r_1	r_2						

式中，$b_j = \begin{vmatrix} a_0 & a_{n-j} \\ a_n & a_j \end{vmatrix}$，$c_j = \begin{vmatrix} b_0 & b_{n-j-1} \\ b_{n-1} & b_j \end{vmatrix}$　$j = 0，1，2，\cdots$

$$r_0 = \begin{vmatrix} s_0 & s_3 \\ s_3 & s_0 \end{vmatrix}，\quad r_1 = \begin{vmatrix} s_0 & s_2 \\ s_3 & s_1 \end{vmatrix}，\quad r_2 = \begin{vmatrix} s_0 & s_1 \\ s_3 & s_2 \end{vmatrix}。$$

上面表中，第一行依序排列特征方程的系数 a_0 到 a_n，然后以反向次序记入第二行。以后各行用二阶行列式计算，然后再以反向次序记入下一行。直到一行只有三个数时，这个表就构成了。

朱利稳定判据：线性离散系统稳定的充分必要条件为

$$D(1) > 0$$

$$D(-1) \begin{cases} > 0 & n \text{ 为偶数} \\ < 0 & n \text{ 为奇数} \end{cases}$$

$$|a_0| < a_n$$

$$|b_0| > |b_{n-1}|$$

$$|c_0| > |c_{n-2}|$$

$$\vdots$$

$$|s_0| > |s_3|$$

$$|r_0| > |r_2|$$

如果出现相等，则系统临界稳定。

朱利判据中的列表类似于劳斯判据中的列表，但朱利判据不能说明有多少特征根在单位圆外。朱利判据中列表虽然比较麻烦，但往往可以在列表之前先检验 $D(1)$ 的符号，或者 $D(-1)$ 的符号，或者是否满足 $|a_0| < a_n$，这三个条件只要有一个不满足，系统就是不稳定的。但如果都满足，系统的稳定性还不能确定，需要通过检查列表后面的条件是否满足来确定。此方法类似于连续系统中先检验特征多项式 $D(s)$ 的各项系数的符号是否一致。

例 6.12　已知系统的特征方程为

$$D(z) = z^8 + 2z^7 + 3z^6 + 2z^5 + z^4 + 5z^3 + 2z^2 + z + 2 = 0$$

判别系统稳定性。

解　因为 $|a_0| = 2 > a_8 = 1$，不满足 $|a_0| < a_n$ 的条件，或者因为 $D(-1) = -1 < 0$，不满足"当 n 为偶数，$D(-1) > 0$"的条件，所以，该系统不稳定。

例 6.13　已知系统的特征方程为

$$D(z) = z^3 + 2z^2 + 1.9z + 0.8 = 0$$

判别系统稳定性。

解　因为 $D(1) = 5.7 > 0$，$D(-1) = -0.1 < 0$，$|a_0| = 0.8 < a_3 = 1$，所以满足朱利判据的前三个条件，下面再列表检验是否满足后面的条件

1	0.8	1.9	2	1
2	1	2	1.9	0.8
3	-0.36	-0.48	-0.3	

可见，满足约束条件 $|b_0| = 0.36 > |b_2| = 0.3$，所以，该系统是稳定的。

6.5.2 修正劳斯稳定判据

连续系统的分析、设计方法是基于 S 平面的，系统的稳定边界是 S 平面的虚轴。由于离散系统的稳定边界是 Z 平面上以原点为圆心的单位圆，所以，不能直接用连续系统的分析、设计方法。如果通过一个变换，将 Z 平面的单位圆内部变换到一个新的复平面 W 的左半平面，而将 Z 平面的单位圆外部变换到新的复平面 W 的右半平面，Z 平面的单位圆周变换到新的复平面 W 的虚轴，如图 6.10 所示，则可以在 W 平面上，利用连续系统的分析与设计方法来分析与设计线性离散系统。

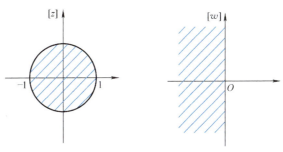

图 6.10 Z 平面与 W 平面的变换

具有上述功能的最简单、最常用的变换是双线性变换。双线性变换表达为

$$w = \frac{z+1}{z-1} \tag{6.59a}$$

或者

$$z = \frac{w+1}{w-1} \tag{6.59b}$$

双线性变换也可以取为

$$w = \frac{z-1}{z+1} \tag{6.60}$$

离散系统的 Z 域特征方程 $D(z) = 0$ 经过双线性变换后，得到 W 域的特征方程，记为 $D(w) = 0$。显然，判别系统稳定性，即判别 $D(z) = 0$ 的根是否都在 Z 平面的单位圆内，等价于判别 $D(w) = 0$ 的根是否都在 W 平面的左半平面。可以采用劳斯、赫尔维兹等稳定判据判别 $D(w) = 0$ 的根是否都在 W 平面的左半平面。

例 6.14 离散系统的特征方程为

$$D(z) = z^3 - 1.5z^2 - 0.25z + 0.4 = 0$$

判别系统稳定性。

解 进行双线性变换

$$\left(\frac{w+1}{w-1}\right)^3 - 1.5\left(\frac{w+1}{w-1}\right)^2 - 0.25\left(\frac{w+1}{w-1}\right) + 0.4 = 0$$

整理得

$$D(w) = 0.35w^3 - 0.55w^2 - 5.95w - 1.85 = 0$$

因为 W 域的特征方程系数的符号不全相同，所以系统不稳定。利用劳斯判据不仅可以判别系统稳定性，而且可以进一步确定有几个不稳定的特征根。

劳斯表构成为

$$
\begin{array}{lll}
w^3 & 0.35 & -5.95 \\
w^2 & -0.55 & -1.85
\end{array}
$$

$$w^1 \qquad -7.13 \qquad 0$$
$$w^0 \qquad -1.85$$

由于劳斯表的第一列数符号变化一次，所以，系统不稳定，$D(w)=0$ 有一个根在 W 平面的右半部，即 $D(z)=0$ 有一个根在 Z 平面的单位圆外。

必须指出，双线性变换虽然可以将连续系统中的各种方法，推广到离散系统的分析、设计中，但由于 W 平面与 S 平面具有本质的差别，例如物理意义不明显，因此，这种方法具有很多局限性，不如直接在 Z 平面上分析、设计离散系统。

6.6　暂态性能分析

离散系统时域性能指标的定义和连续系统中的时域指标定义相类似，也是以阶跃响应的一些特征量作为衡量系统动态性能的指标。常用的是超调量 σ_p、超调时间 T_p、调节时间 T_s 等。

若已知离散系统的结构和参数，可以建立系统的数学模型，然后通过求解系统的差分方程，或者 Z 反变换，求出输出量在采样时刻的值 $c(kT)$。这样，就很容易根据动态性能指标的定义，确定出超调量、超调时间、调节时间以及稳态误差等性能指标。

对于系统设计而言，不仅要分析已知系统的性能，更重要的是研究系统结构和参数与系统性能间的关系，用以指导系统结构和参数的选择，下面研究这方面的问题。

如前所述，离散系统的 Z 传递函数的极点都落在 Z 平面的单位圆内时，系统是稳定的。但在工程上，不仅要求系统是稳定的，而且要求有良好的动态性能。离散系统的零、极点在单位圆内的分布对系统的动态性能具有重要的影响，确定它们之间的关系，哪怕是定性的关系，对于一个控制工程师来说，都有指导意义。

系统 Z 传递函数的极点位置与脉冲响应的关系如图 6.11 所示。

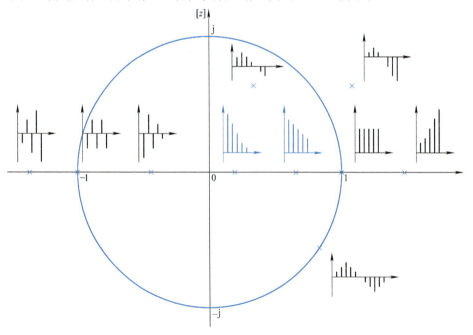

图 6.11　Z 平面上极点位置与脉冲响应的关系

从上面的分析和图 6.11 可以看出，若极点位于单位圆外，输出序列是发散的，系统不稳定，显然，这样的系统是不能正常工作的。即使极点位于单位圆内，其动态过程也很不一样。当极点位于负实轴上时，虽然输出序列是收敛的，但它是正负交替的衰减振荡过程，过渡过程的振荡频率最高，等于采样频率的一半，在稳定的系统中，特性最坏。例如，将导致机械系统强烈地振动。当极点是共轭复数极点时，输出是振荡衰减的，不太令人满意。从图上明显地看出，极点最好分布在单位圆内的正实轴上，这时系统的输出为指数衰减，而且不出现振荡。最理想的是极点分布在正实轴靠近原点的地方，这时过渡过程快，离散系统具有快速响应的性能。这一结论是以后配置离散系统闭环极点的理论依据。

设线性离散系统的闭环传递函数为

$$\Phi(z) = \frac{KB(z)}{A(z)} = \frac{K\prod_{i=1}^{m}(z - z_i)}{\prod_{i=1}^{n}(z - \lambda_i)} \quad m \leq n \tag{6.61}$$

式中，$A(z)$，$B(z)$ 为 z 的首 1 多项式；K 为常系数；z_i，λ_i 分别为离散系统的闭环零、极点。

与连续系统中的时域指标计算类似，对于一阶、二阶线性离散系统，可以求得动态性能指标的精确计算公式，但对于高阶系统，动态性能指标与系统零、极点之间的关系是相当复杂的。可以采用主导极点法得到比较简单的近似计算公式。

离散系统主导极点的概念类似于连续系统中主导极点的概念。从图 6.11 可以看出，单位圆内的极点越靠近单位圆周，脉冲响应或系统暂态分量衰减越慢；越靠近原点，衰减越快。因此，靠近单位圆周的极点对动态性能起主要影响。如果离散系统有一对最靠近单位圆周的闭环共轭复数极点，而其他闭环零、极点均在原点附近，相对地远离单位圆周，则称这一对闭环共轭复数极点为主导极点。如图 6.12 所示，$\lambda_{1,2}$ 就是一对闭环主导极点。

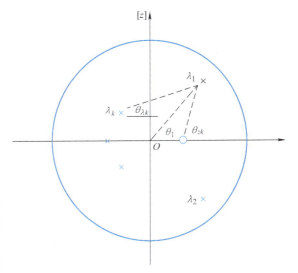

图 6.12　离散系统的主导极点

用主导极点法得到下列计算高阶离散系统动态性能指标的近似公式为

$$T_p = \frac{T}{\theta_1}\left(\pi - \sum_{k=1}^{m}\theta_{zk} + \sum_{k=3}^{n}\theta_{\lambda k}\right) \tag{6.62}$$

$$\sigma_p = \left(\prod_{k=3}^{n}\frac{|1 - \lambda_k|}{|\lambda_1 - \lambda_k|}\right)\left(\prod_{k=1}^{m}\frac{|\lambda_1 - z_k|}{|1 - z_k|}\right)|\lambda_1|^{\frac{T_p}{T}} \tag{6.63}$$

$$T_s = \left(\frac{\ln \frac{2}{\Delta}}{1 - |\lambda_1|} + n - m - 2 \right) T \tag{6.64}$$

上面式中各变量的含义如图 6.12 所示。

6.7 稳态误差分析

离散系统的稳态误差的求取方法与连续系统的方法相似，可以基于 Z 变换中的终值定理来求稳态误差的终值。

需要指出的是，本节所讨论的离散系统的稳态误差是指采样时刻上的稳态误差。事实上，系统的输出一般是连续的，在采样点之间存在稳态误差，通常称为纹波，可以利用广义 Z 变换分析纹波。

考察如图 6.13 所示离散系统。

图 6.13 离散系统

离散系统误差信号的 Z 变换为

$$E(z) = \frac{R(z)}{1 + G(z)} \tag{6.65}$$

设 $E(z)$ 满足 Z 变换中的终值定理条件，即 $(z-1)E(z)$ 在 Z 平面以原点为圆心的单位圆上和单位圆外没有极点，则离散系统稳态误差的终值为

$$e(\infty) = \lim_{t \to \infty} e(t) = \lim_{z \to 1}(1 - z^{-1})E(z) = \lim_{z \to 1}(1 - z^{-1})\frac{R(z)}{1 + G(z)} \tag{6.66}$$

由式（6.66）可以求取相当广泛的离散系统的稳态误差，但常用的还是在典型输入信号作用下的稳态误差。下面分别讨论如图 6.13 所示离散系统在三种典型输入信号作用下的稳态误差。

（1）阶跃输入信号

$$r(t) = 1(t), \ R(z) = \frac{1}{1 - z^{-1}}$$

$$e(\infty) = \lim_{z \to 1}(1 - z^{-1})\frac{1}{1 + G(z)}\frac{1}{1 - z^{-1}} = \lim_{z \to 1}\frac{1}{1 + G(z)} = \frac{1}{1 + \lim_{z \to 1}G(z)} \tag{6.67}$$

若定义

$$K_p = 1 + \lim_{z \to 1}G(z) \tag{6.68}$$

为位置误差系数，则

$$e(\infty) = \frac{1}{K_p} \tag{6.69}$$

式（6.69）表示了位置误差系数 K_p 与阶跃输入下稳态误差的关系。

（2）速度输入信号

$$r(t) = t1(t), \quad R(z) = \frac{Tz^{-1}}{(1 - z^{-1})^2}$$

$$e(\infty) = \lim_{z \to 1}(1 - z^{-1})\frac{1}{1 + G(z)}\frac{Tz^{-1}}{(1 - z^{-1})^2} = \lim_{z \to 1}\frac{T}{(1 - z^{-1})G(z)} \tag{6.70}$$

若定义

$$K_v = \lim_{z \to 1}(1 - z^{-1})G(z) \tag{6.71}$$

为速度误差系数,则

$$e(\infty) = \frac{T}{K_v} \tag{6.72}$$

（3）加速度输入信号

$$r(t) = \frac{1}{2}t^2 1(t) \qquad R(z) = \frac{T^2 z^{-1}(1 + z^{-1})}{2(1 - z^{-1})^3}$$

$$e(\infty) = \lim_{z \to 1}(1 - z^{-1}) \frac{1}{1 + G(z)} \frac{T^2 z^{-1}(1 + z^{-1})}{2(1 - z^{-1})^3} = \lim_{z \to 1} \frac{T^2}{(1 - z^{-1})^2 G(z)} \tag{6.73}$$

若定义

$$K_a = \lim_{z \to 1}(1 - z^{-1})^2 G(z) \tag{6.74}$$

为加速度误差系数,则

$$e(\infty) = \frac{T^2}{K_a} \tag{6.75}$$

上面讨论了离散系统在三种典型输入作用下的稳态误差,并定义了各种误差系数。可以看出,系统的稳态误差 $e(\infty)$ 与开环 Z 传递函数 $G(z)$ 中 $z=1$ 的极点密切相关,类似于连续系统中无差度或 0 型、1 型、2 型系统的概念,根据开环 Z 传递函数 $G(z)$ 中 $z=1$ 的极点数目,可以定义离散系统的无差度或类型。

定义 若开环 Z 传递函数 $G(z)$ 具有 v 个 $z=1$ 的极点,则称为 v 型系统或 v 阶无差系统。v 定义为系统的无差度。

各种类型系统在三种典型输入信号作用下的稳态误差见表 6.2。

表 6.2 典型输入信号作用下的稳态误差

系统类型	稳态误差		
	$r(t) = 1(t)$	$r(t) = t$	$r(t) = \frac{1}{2}t^2$
0 型	$1/K_p$	∞	∞
1 型	0	T/K_v	∞
2 型	0	0	T^2/K_a
3 型	0	0	0

6.8 数字 PID 控制

在计算机控制系统中,校正环节是由计算机控制算法实现的。对校正装置的数学模型离散化,得到相应的数字控制算法。在直接数字控制的场合,常用一台计算机控制几十个甚至几百个回路,在大部分控制回路中,往往采用 PID 控制方式就够了。因此,PID 控制在数字控制系统中得到了广泛的应用。

由连续系统校正方法,得到连续控制系统 PID 调节器的传递函数为

$$G_c(s) = \frac{U(s)}{E(s)} = K_P\left(1 + \frac{1}{T_I s} + T_D s\right) \tag{6.76}$$

相应的微分方程描述为

$$u(t) = K_\mathrm{P}\Big[e(t) + \frac{1}{T_\mathrm{I}}\int e(t)\,\mathrm{d}t + T_\mathrm{D}\frac{\mathrm{d}e(t)}{\mathrm{d}t}\Big] \tag{6.77}$$

式中，K_P 为比例常数；T_I 为积分时间常数；T_D 为微分时间常数；$e(t)$ 为系统偏差信号；$u(t)$ 为控制器的输出信号。

在计算机控制系统中，只能根据采样时刻的偏差计算调节器的输出，因此，式（6.77）中的积分和微分项不能直接准确计算，只能用数值计算的方法逼近。将式（6.77）离散化变成离散形式，可导出数字 PID 控制算法。

设采样周期为 T，用近似变换方法将式（6.77）变换为后向差分方程

$$\begin{aligned}
u(k) &= K_\mathrm{P}\Big\{e(k) + \sum_{m=0}^{k}\frac{T}{T_\mathrm{I}}e(m) + \frac{T_\mathrm{D}}{T}[e(k) - e(k-1)]\Big\}\\
&= K_\mathrm{P}e(k) + K_\mathrm{I}\sum_{m=0}^{k}e(m) + K_\mathrm{D}[e(k) - e(k-1)]
\end{aligned} \tag{6.78}$$

式中，K_P 为比例增益；$K_\mathrm{I} = K_\mathrm{P}\dfrac{T}{T_\mathrm{I}}$ 为积分项增益；$K_\mathrm{D} = K_\mathrm{P}\dfrac{T_\mathrm{D}}{T}$ 为微分项增益。

式（6.78）中的 $u(k)$ 直接给出了执行机构的位置，称为位置式 PID 算式或点位型 PID 算式。位置式算法每次输出与过去全部状态有关，计算式中要用到过去偏差的累加值 $\sum\limits_{m=0}^{k}e(m)$，容易产生较大的积累误差。因此，通常采用下列增量式 PID 算式，或称为速度型 PID 算式

$$\begin{aligned}
\Delta u(k) &= u(k) - u(k-1)\\
&= K_\mathrm{P}[e(k) - e(k-1)] + K_\mathrm{I}e(k) + K_\mathrm{D}[e(k) - 2e(k-1) + e(k-2)]
\end{aligned}$$
$$\tag{6.79}$$

式（6.79）可以写成

$$\Delta u(k) = d_0 e(k) + d_1 e(k-1) + d_2 e(k-2) \tag{6.80}$$

式中

$$d_0 = K_\mathrm{P} + K_\mathrm{I} + K_\mathrm{D} = K_\mathrm{P}\Big(1 + \frac{T}{T_\mathrm{I}} + \frac{T_\mathrm{D}}{T}\Big) \tag{6.81a}$$

$$d_1 = -K_\mathrm{P} - 2K_\mathrm{D} = -K_\mathrm{P}\Big(1 + \frac{2T_\mathrm{D}}{T}\Big) \tag{6.81b}$$

$$d_2 = K_\mathrm{D} = K_\mathrm{P}\frac{T_\mathrm{D}}{T} \tag{6.81c}$$

可见，增量式算式只需要保持现时刻以前三个时刻的偏差采样值即可。

6.9　MATLAB 在离散系统分析中的应用

求函数 $f(t)$ 的 Z 变换 $F(z)$ 可用 F = ztrans(f)。求 $F(z)$ 的 Z 反变换 $f(t)$ 可用 f = iztrans(F)。

例 6.15　用 MATLAB 求单位斜坡函数的 Z 变换。

解　命令窗口中键入

syms　t　T

ztrans(t * T)

键入回车键,则显示

ans =

T * z/(z − 1)^2

设离散系统的闭环 Z 传递函数为 $\Phi(z) = \dfrac{num(z)}{den(z)}$,其输入为 r,则可用命令 y = filter(num, den, r),求离散系统的输出响应。

例 6.16 设系统的闭环 Z 传递函数为 $\Phi(z) = \dfrac{0.632z}{z^2 - 0.736z + 0.368}$,输入为 $u(k) = 1$ ($k = 0, 1, 2, \cdots, 50$),用 MATLAB 求系统的输出响应。

解 在 MATLAB 中,单位阶跃输入表示为 u = ones(1, 50)。

求前 20 个采样周期的输出响应值的 MATLAB 程序为

```
num = [0.632, 0];
den = [1, −0.736, 0.368];
u = ones(1, 51);
k = 0:50;
y = filter(num, den, u);
plot(k, y), grid;
xlabel('k'); ylabel('y(k)')
```

运行结果如图 6.14 所示。

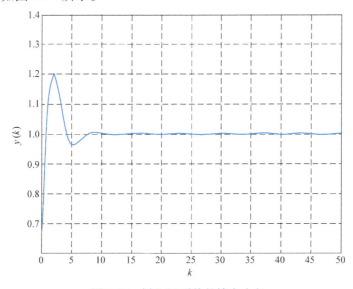

图 6.14 例 6.16 系统的输出响应

6.10 本章小结

1. 信号的采样与保持

将连续信号变为离散信号的过程称为采样。实际采样装置是多种多样的,其基本功能可以用一个理想采样开关表示。

采样信号表达为 $f^*(t) = \sum\limits_{k=0}^{+\infty} f(kT)\delta(t-kT)$ 或者 $f^*(t) = f(t)\sum\limits_{k=0}^{+\infty}\delta(t-kT)$。采样信号的拉普拉斯变换表达式为 $F^*(s) = \sum\limits_{k=0}^{+\infty} f(kT)\mathrm{e}^{-kTs}$ 或者 $F^*(s) = \dfrac{1}{T}\sum\limits_{k=-\infty}^{+\infty} F(s+jk\omega_s)$。

采样定理：若采样器的采样频率 ω_s 大于或等于输入连续信号 $f(t)$ 的频谱中最高频率 ω_{max} 的两倍，即 $\omega_s \geqslant 2\omega_{max}$，则能够从采样信号 $f^*(t)$ 中完全复现 $f(t)$。

最简单最常用的保持器是零阶保持器，具有相位滞后小以及易于工程实现等优点。它的作用是把某一采样时刻的采样值恒定地保持到下一个采样时刻。零阶保持器的传递函数为 $G_{oh}(s) = \dfrac{1-\mathrm{e}^{-Ts}}{s}$。

2. 差分方程与 Z 变换

连续系统的输入和输出关系可以用微分方程描述，但在离散时刻的数学关系也可以用差分方程描述。

差分方程的数值解法非常简单，尤其适合于计算机进行迭代运算。

设由一离散序列 $\{f(k)\}$ $(k = 0,1,2,\cdots)$ 构成的级数 $\sum\limits_{k=0}^{+\infty} f(k)z^{-k}$ 收敛，则定义该级数为离散序列的 Z 变换，记为 $Z\{f(k)\}$ 或 $F(z)$。

利用 Z 变换的基本定理，可以方便地求出某些函数的 Z 变换或者求出象函数 $F(z)$ 的 Z 反变换，也可以根据函数的 Z 变换式推知原函数的性质，它们在分析离散系统时很有用处。

终值定理：设函数 $f(t)$ 的 Z 变换为 $F(z)$，$(z-1)F(z)$ 在 Z 平面以原点为圆心的单位圆上和圆外均没有极点，则有 $f(\infty) = \lim\limits_{z\to 1}(z-1)F(z)$。

Z 变换的部分分式法。

Z 反变换的部分分式法。

3. 离散系统的数学模型

在零初始条件下，线性定常系统（环节）输出的采样信号的 Z 变换与输入的采样信号的 Z 变换之比，称为该系统（环节）的 Z 传递函数或脉冲传递函数。

Z 传递函数是连续系统脉冲响应 $g(t)$ 的采样序列的 Z 变换或 $G(s)$ 的 Z 变换，即 $G(z) = Z[g(t)] = Z[G(s)]$。这是求取系统 Z 传递函数的一个常用公式。

两个环节中间没有采样开关时开环 Z 传递函数为 $GH(z) = Z[G(s)H(s)]$，两个环节中间有采样开关时开环 Z 传递函数为 $G(z)H(z) = Z[G(s)]Z[H(s)]$。

离散系统闭环 Z 传递函数为 $\Phi(z) = \dfrac{C(z)}{R(z)} = \dfrac{G(z)}{1+GH(z)}$，系统的误差传递函数为 $\Phi_e(z) = \dfrac{E(z)}{R(z)} = \dfrac{1}{1+GH(z)}$。

单位负反馈离散系统输出量的 Z 变换为 $C(z) = \dfrac{G_1G_2(z)}{1+G_1G_2(z)}R(z) + \dfrac{G_2N(z)}{1+G_1G_2(z)}$。

4. 离散系统的分析

朱利稳定性判据和双线性变换以及修正劳斯稳定判据。

若已知离散系统的结构和参数，可以建立系统的数学模型，然后通过求解系统的差分方程或者Z反变换，求出输出量在采样时刻的值，从而确定出超调量、超调时间、调节时间以及稳态误差等性能指标。

离散系统闭环极点最好分布在单位圆内的正实轴靠近原点的地方，这时系统的输出为指数衰减，不出现振荡，过渡过程快，离散系统具有快速响应的性能。这一结论是以后配置离散系统闭环极点的理论依据。

离散系统动态性能指标计算公式。

若开环Z传递函数$G(z)$具有v个$z=1$的极点，则称为v型系统或v阶无差系统。v定义为系统的无差度。

基于Z变换中的终值定理求离散系统稳态误差终值的方法。

5. 数字 PID 控制

位置式 PID 算式为

$$u(k) = K_\mathrm{P}e(k) + K'_\mathrm{I}\sum_{m=0}^{k} e(m) + K'_\mathrm{D}[e(k) - e(k-1)]$$

增量式 PID 算式为

$$\Delta u(k) = K_\mathrm{P}[e(k) - e(k-1)] + K'_\mathrm{I}e(k) + K'_\mathrm{D}[e(k) - 2e(k-1) + e(k-2)]$$

习 题

6.1 已知理想采样开关的采样周期为t（单位为s），连续信号为下列函数，求采样的输出信号$f^*(t)$及其拉普拉斯变换$F^*(s)$。

(1) $f(t) = te^{-at}$

(2) $f(t) = te^{-at}\sin\omega t$

6.2 求下列序列的Z变换。设$k < 0$时$f(k) = 0$。

(1) $1, \lambda, \lambda^2, \lambda^3, \cdots$

(2) $\lambda, \lambda^2, \lambda^3, \lambda^4, \cdots$

6.3 设采样周期为0.5s，求函数$f(t)$的Z变换$F(z)$。

$$f(t) = \begin{cases} 1 & 0 \leqslant t < 2.2 \\ 0 & t < 0, t \geqslant 2.2 \end{cases}$$

6.4 用部分分式法求$F(z)$的反变换。

(1) $F(z) = \dfrac{10z}{(z-1)(z-2)}$

(2) $F(z) = \dfrac{z^{-1}(1 - e^{-aT})}{(1 - z^{-1})(1 - z^{-1}e^{-aT})}$

(3) $F(z) = \dfrac{z^2}{(z - 0.8)(z - 0.1)}$

6.5 如题6.5图所示采样控制系统

(1) 求系统开环脉冲传递函数；

(2) 求系统闭环脉冲传递函数；

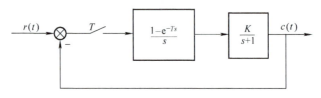

题 6.5 图

（3）写出系统的差分方程。

6.6　已知闭环离散系统的特征方程为 $D(z) = z^4 + 0.2z^3 + z^2 + 0.36z + 0.8 = 0$，判断系统的稳定性。

6.7　如题 6.7 图所示离散系统，采样周期 $T = 1\text{s}$，$G_h(s)$ 为零阶保持器，而

$$G(s) = \frac{K}{s(0.2s + 1)}$$

（1）分析 $K = 5$ 时系统的稳定性；

（2）确定使系统稳定的 K 值范围。

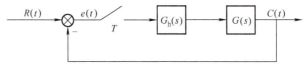

题 6.7 图

6.8　离散系统如题 6.8 图所示，其中采样周期 $T = 0.2\text{s}$，$K = 10$，$r(t) = 1 + t + t^2/2$，用终值定理法计算系统的稳态误差 $e(\infty)$。

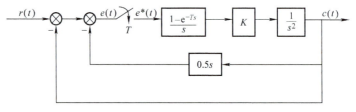

题 6.8 图

6.9　如题 6.9 图所示离散系统，其中 $T = 0.1\text{s}$，$K = 1$，$r(t) = t$，试求静态误差系数 K_p，K_v，K_a，并求系统稳态误差 $e(\infty)$。

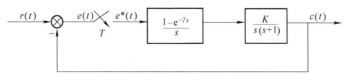

题 6.9 图

6.10　在工业和日常生活中广泛应用的热蒸汽加热温度控制系统如题 6.10 图所示。其中，水箱温度用热蒸汽加热，进汽阀门开度由线圈控制的铁心带动，水箱温度由热电偶检测。设 $D(z) = 1$，$T = 0.2\text{s}$，D/A 为零阶保持器。

（1）求闭环传递函数；

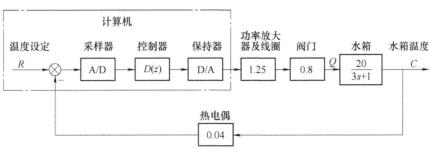

题 6.10 图　加热控制系统

（2）分析系统稳定性；

（3）求单位阶跃响应。

6.11　磁悬浮列车的一个关键技术是控制列车的悬浮高度。磁悬浮列车悬浮高度计算机控制系统如题 6.11 图所示。其中，选择采样周期 $T = 0.2\,\mathrm{s}$，D/A 为零阶保持器。

（1）求闭环传递函数；

（2）分析系统稳定性；

（3）求单位阶跃响应；

（4）分别求单位阶跃、速度、加速度输入作用下的稳态误差。

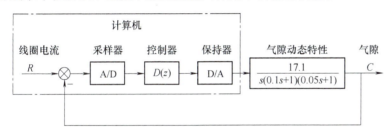

题 6.11 图

读一读

离散控制理论的建立与发展

在离散控制理论方面作出重要贡献的是 Harry Nyquist（哈里·奈奎斯特）和 Claude Elwood Shannon（克劳德·艾尔伍德·香农，1916—2001）。Nyquist 首先证明把正弦信号从采样值复现出来，每周期至少进行两次采样。Nyquist 为近代信息理论做出了突出贡献。1927 年，Nyquist 确定了如果对某一带宽的有限时间连续信号（模拟信号）进行抽样，且在抽样率达到一定数值时，根据抽样值可以在接收端准确地恢复原信号。为不使原波形产生"半波损失"，采样率至少应为信号最高频率的两倍，这就是著名的奈奎斯特采样定理。

Shannon 于 1949 年完全解决了这个问题。采样定理是信息论、特别是通讯与信号处理学科中的一个重要基本结论。Shannon 是美国数学家、信息论的创始人。1940 年在麻省理工学院获得硕士和博士学位，1941 年进入贝尔实验室工作。香农提出了信息熵的概念，为信息论和数字通信奠定了基础。

R. C. Oldenbourg 和 H. Sartorious 于 1944 年、Tsypkin 于 1948 年分别提出了离散系统的稳定判据，即线性差分方程的所有特征根应位于单位圆内。由于离散拉普拉斯变换式是超越函数，W. Hurewicz 于 1947 年首先引进了一个变换，用于对离散序列的处理。在此基础上，Tsypkin 于 1949 年，J. R. Ragazzini 和 L. A. Zadeh 于 1952 年分别提出了 Z 变换方法。Tsypkin、R. H. Barker 和 E. I. Jury 分别于 1950 年、1951 年和 1956 年提出了广义 Z 变换方法。

离散控制理论主要是由美国哥伦比亚大学的 J. R. Ragazzini 和他的博士生们完成的，包括 E. I. Jury 的离散系统稳定的朱里稳定判据，能观性与能达性，分析与设计工具等；R. E. Kalman 的离散状态方法，能控性与能观性等；L. A. Zadeh 的 Z 变换定义等。Ragazzini 是自控界第二位获得 IEEE Model of Honor 荣誉的学者（1974）；Zadeh 是自控界第五位获得 IEEE Model of Honor 荣誉的学者（1995）。20 世纪 50 年代末，离散控制系统的 Z 变换法基本成熟。

信息论之父 C. E. Shannon

Claude Elwood Shannon（克劳德·艾尔伍德·香农，1916.4.30—2001.2.24）是美国数学家、信息论的创始人。1936 年获得密歇根大学数学和电子工程学士学位。1938 年在 MIT 获电气工程硕士学位，硕士论文题目为《继电器与开关电路的符号分析》。当时他已经注意到电话交换电路与布尔代数之间的类似性，即把布尔代数的"真"与"假"和电路系统的"开"与"关"对应起来，并用 1 和 0 表示。Shannon 用布尔代数分析并优化开关电路，奠定了数字电路的理论基础。哈佛大学 Howard Gardner 教授说："这可能是本世纪最重要、最著名的一篇硕士论文。"1940 年 Shannon 在麻省理工学院（MIT）获数学博士学位，博士论文题目是《理论遗传学的代数学》，是关于人类遗传学的。Shannon 后来在不同的学科方面发表过许多有影响的文章。

C. E. Shannon

Shannon 于 1940 年在普林斯顿高级研究所期间开始思考信息论与有效通信系统的问题。1941 年 Shannon 以数学研究员的身份进入贝尔实验室数学部工作，直到 1972 年。经过 8 年的努力，在 1948 年 6 月和 10 月在 *Bell System Technical Journal* 上连载发表了具有深远影响的论文《通讯的数学原理》。1949 年，又在该杂志上发表了另一著名论文《噪声下的通信》。这两篇论文阐明了通信的基本问题，给出了通信系统的模型，提出了信息量的数学表达式，并解决了信道容量、信源统计特性、信源编码和信道编码等一系列基本问题，成为信息论的奠基性著作。

在第二次世界大战时，Shannon 和比他大 4 岁的图灵一样，也是一位著名的密码破译专家，主要是追踪德国飞机和火箭，尤其是在德国火箭对英国进行闪电战时起了很大作用。1949 年 Shannon 发表了另外一篇重要论文《保密系统的通信理论》，使保密通信由艺术变成科学。

1956 年 Shannon 成为 MIT 客座教授，并于 1958 年成为终生教授，1978 年退休成为名誉教授。Shannon 是信息论及数字通信时代的奠基人，为纪念他而设置的香农奖是通信理论领域最高奖，被称为"信息领域的诺贝尔奖"。

第 7 章
非线性控制系统分析

随着科学技术的发展，被控对象的种类越来越多，控制装置更加复杂，仅用线性模型已不能满足要求。例如，控制系统中常出现稳定的自激振荡，就是一个突出的例子。这种在实际中观测到的自振现象，是线性模型中不存在的。又例如，控制系统中大量采用继电控制，但线性系统理论不能分析这类系统。非线性系统的内容十分丰富，运动类型很多，还没有一种能解决全部问题的方法。目前许多分析非线性系统的方法是以某种形式通过线性化而建立起来的，也就是说以线性化方法为基础，加以修补使之适应解决非线性问题的需要，例如本章要介绍的描述函数法。

本章首先介绍非线性系统的特性，然后介绍分析非线性系统的描述函数法，着重分析非线性系统的自激振荡。

7.1 典型非线性特性

在控制系统中，存在各种各样的本质非线性特性的装置，可以归纳出几种典型非线性特性。本节介绍这几种典型非线性特性。

7.1.1 饱和特性

饱和特性是控制工程中经常遇到的一种非线性特性。例如，放大器的输出饱和或输出限幅、具有行程限制及功率限制的液压调节阀、伺服电机在大控制电压情况下运行的转速特性、流通孔径限制等，它们的输出与输入量只在某一范围内成线性关系（称为线性段），当输入量超过这一范围后，尽管输入量增加，但输出量变化很小，基本保持一常值，这种现象称为饱和现象，其静特性如图7.1a所示。

在分析非线性系统时，为了数学上的方便，也为了能够清楚地区分主要的典型区段，把非线性特性近似地用逐段直线来表示，即把非线性特性理想化。对饱和特性，在线性段里输入、输出特性可认为是标准的线性关系，而在线性段外，认为输出是恒定的饱和值，因此，理想饱和特性的静特性如图7.1b所示，用数学表达式描述为

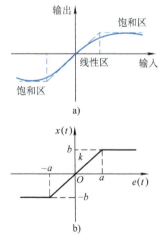

图 7.1 饱和特性

148

$$x(t) = \begin{cases} ka & e(t) > a \\ ke(t) & |e(t)| \leq a \\ -ka & e(t) < -a \end{cases} \quad (7.1a)$$

或表示为

$$x(t) = \begin{cases} ke(t) & |e(t)| \leq a \\ b\operatorname{sign}(e(t)) & |e(t)| > a \end{cases} \quad (7.1b)$$

式中

$$\operatorname{sign}(e(t)) = \begin{cases} 1 & e(t) > 0 \\ -1 & e(t) < 0 \end{cases} \quad (7.1c)$$

7.1.2 死区特性

系统的死区又称不灵敏区,是指输入量的一个范围,当输入量在这个范围内时,元件或系统没有输出。不灵敏区在控制系统的各类元件中都存在,出现的原因很多,一般与元件的构造、工作形式等有关。例如,测速发电机的静特性如图7.2a所示,当所测转速$|n| < n_e$时,由于电刷压降,输出电压U_n几乎等于零,也就是说在$-n_e < n < n_e$范围内,输出量U_n不能反映输入量n的变化。该区域称为死区,当所测速度$|n| > n_e$时,输出电压才与转速n成近似的线性关系。

在系统分析中,把死区特性理想化为如图7.2b所示,其数学表达式为

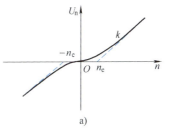

a)

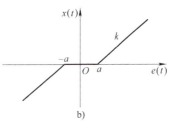

b)

图7.2 死区特性

$$x(t) = \begin{cases} 0 & |e(t)| \leq a \\ k[e(t) - a\operatorname{sign}(e(t))] & |e(t)| > a \end{cases} \quad (7.2)$$

式中,a为死区宽度;k为线性输出特性的斜率。

不灵敏区在控制系统的各类元件中都存在,只是程度不同。例如,测速发电机转速很低时,输出电压几乎为0;伺服电动机的死区电压(起动电压);各种电路中的门槛值(阈值);电气触头间隙;弹簧的预张力;气动或液压滑阀的搭接段。

7.1.3 间隙特性

在齿轮传动中,由于制造与装配中的误差,在一对啮合齿轮之间往往存在间隙,如图7.3所示,若原来主动轮是逆时针转动,当主动轮改变转动方向变为顺时针转动时,主动轮越过间隙ε这一段时间,从动轮不转动,这相当于死区,直至一对齿轮再次相接触,从动轮才又开始随主动轮以线性关系运转;当主动轮再反向重新开始逆时针转动时,在间隙区从动轮也是静止不动,直到一对齿轮在另一边相接触时,从动轮才跟随主动轮反向转动。这样,在有间隙存在的齿轮系中,当主动轮作周期性的换向转动时,出现如图7.4所示的特性,这种特性称为间隙特性。

铁磁元件中也有类似的特性。电磁铁的磁化曲线物理学中称为磁滞特性,将它理

149

想化就成为间隙特性，因此，间隙特性又称为磁滞特性或回环特性。间隙特性和下面将介绍的继电器特性是多值非线性，它们的输出值不仅依赖于输入幅值的大小，而且依赖于前面的状态，即依赖于是从哪个方向到达该点的。

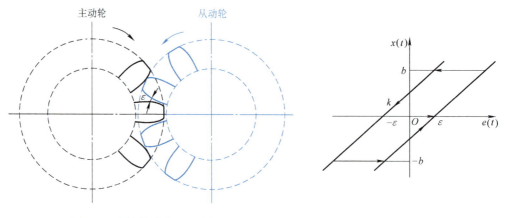

图 7.3　齿轮传动中的间隙特性　　　　　　图 7.4　间隙特性

间隙特性的数学描述为

$$x(t) = \begin{cases} k(e(t)-\varepsilon) & \dot{x}(t)>0 \\ k(e(t)+\varepsilon) & \dot{x}(t)<0 \\ b\,\mathrm{sign}(e(t)) & \dot{x}(t)=0 \end{cases} \tag{7.3}$$

式中，ε 为间隙宽度；k 为输出特性斜率。

常见的有间隙特性的实际系统有齿轮转动系、磁化特性、液压传动中的油隙特性等。

7.1.4　继电器特性

继电器是最常用的电气控制元件，由于继电器的吸合电压和释放电压不同，因此，输入、输出特性可能包含死区、饱和、间隙等非线性特性，其静特性一般如图 7.5a 所示，数学表达式为

$$x(t) = \begin{cases} 0 & -ma<e(t)<a,\dot{e}(t)>0 \\ 0 & -a<e(t)<ma,\dot{e}(t)<0 \\ b\,\mathrm{sign}[e(t)] & |e(t)|\geqslant a \\ b & e(t)>ma,\dot{e}(t)<0 \\ -b & e(t)<-ma,\dot{e}(t)>0 \end{cases} \tag{7.4a}$$

式中，a 为继电器吸合电压；ma 为继电器释放电压；b 为继电器饱和输出值。

当 a、m 取不同值时，有下列几种特殊情况。

1）理想继电器特性，如图 7.5b 所示。

$$x(t) = \begin{cases} b & e(t)>0 \\ -b & e(t)<0 \end{cases} \tag{7.4b}$$

2）具有死区的单值继电器特性，如图 7.5c 所示。

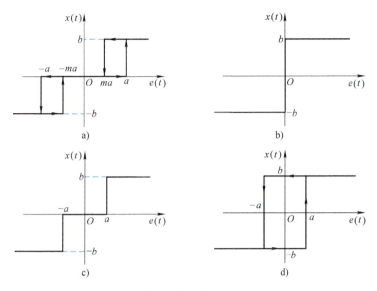

图 7.5　继电器特性

a) 继电器特性(−1≤m≤1)　　b) 理想继电器特性(a=0)

c) 具有死区的单值继电器特性(m=1)　　d) 具有滞环的继电器特性(m=−1)

$$x(t) = \begin{cases} 0 & |e(t)| \leq a \\ b\,\mathrm{sign}(e(t)) & |e(t)| > a \end{cases} \tag{7.4c}$$

3) 具有滞环的继电器特性，如图 7.5d 所示。

$$x(t) = \begin{cases} b\,\mathrm{sign}|e(t)| & |e(t)| \geq a \\ b & \dot{e}(t) < 0 \\ -b & \dot{e}(t) > 0 \end{cases} \tag{7.4d}$$

有些非线性特性可以用上述典型特性按各种方式组合而成。非线性特性可能出现在测量元件及变送器、放大器中，也可能出现在执行元件中。

7.2　描述函数法

在众多的非线性系统近似分析方法中，描述函数法或称为谐波线性化法，是一种较好的分析方法。描述函数法忽略了系统中存在的高次谐波，从而使分析计算大为简化。尽管描述函数法是一种近似方法，但对很多类型的非线性系统能给出正确的结果。描述函数法可以看成是线性系统中的频率法在非线性系统中的推广，由于这种方法比较简便，因此很容易为一般技术人员所掌握。它主要用于分析判断非线性系统中是否存在自激振荡。

7.2.1　基本思想

在非线性系统中，虽然没有受到外界周期性的振荡作用，但有时也会出现一种具有一定频率的不衰减的等幅振荡。这种振荡具有一定的稳定性，受到某种干扰后，还能自动恢复到这种振荡状态。非线性系统出现的这种振荡称为自激振荡。

分析非线性系统的自激振荡时，可令 $r(t) = 0$。因此，任何只有一个非线性元件的系统均可化为如图 7.6 所示的基本形式。其中，N 是非线性环节，$G(s)$ 是系统的线性部分的传递函数。

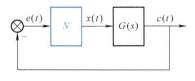

如果非线性系统发生自激振荡，则 $c(t)$ 和 $e(t)$ 是一个正弦波。线性系统在正弦输入信号作用下的稳态输出是一个与输入同频率的正弦波，只是幅值和相位不同。利用这一特性，引入了频率特性的概

图 7.6　非线性系统

念，并用它来表示系统的动态特性。但是，非线性系统在正弦信号作用下的输出相当复杂，一般都不是正弦波，其频谱中包含了附加的频率成分，有时甚至不包含输入信号的频率。

这里考察这样一类非线性特性，当输入正弦函数时，其输出 $x(t)$ 中含有与输入信号频率相同的基波分量，还有其他高频分量，但没有常值分量。线性部分在 $x(t)$ 作用下产生的响应 $c(t)$ 中，也包含这些高频分量。但很多线性系统具有低通滤波特性，$c(t)$ 中的高频分量相对于基波分量要小得多。在这种情况下，可以只考虑 $x(t)$ 中基波分量的作用，用来近似分析非线性系统的特性，这就是描述函数法的基本思想。

描述函数法的基本思想是用非线性元件在正弦输入作用下的输出信号中的基波分量，代替非线性元件的实际输出。这种方法又称为一次谐波法，或称为谐波平衡法、谐波线性化方法等。

7.2.2　基本条件

显然，描述函数法的准确度依赖于基波分量是否比高次谐波分量大得多。应用描述函数法时，一定要注意这一条件，否则会导致错误的结果。多数实际工程系统都满足这一条件，这是因为一般非线性特性是斜对称的，非线性元件输出中的直流分量为零，而且高次谐波的振幅通常比基波分量的振幅小，特别是由于系统一般都具有低通滤波性能，所以，系统输出 $c(t)$ 中主要是基波分量。

从上述分析可见，描述函数法的应用条件是：

1）非线性特性是斜对称的，这样输出中的常值分量为零。

2）线性部分具有较好的低通滤波特性，以衰减高次谐波。

3）非线性特性不是时间函数，因为描述函数法本质上是频率法的推广，而频率法对时变系统不适用。

4）系统中的非线性特性能简化为一个非线性环节。

7.2.3　描述函数的定义

对于很多符合描述函数法的应用条件的非线性系统，当输入信号为正弦函数 $e(t) = A\sin\omega t$ 时，输出量 $x(t)$ 一般都不是同频率的正弦波，而是一个非正弦的周期函数，其周期与输入信号的周期相同，一般可以展开为傅里叶级数，其中的基波分量是与输入同频率的正弦波，即

$$x_1(t) = A_1\cos\omega t + B_1\sin\omega t = X_1\sin(\omega t + \varphi_1) \qquad (7.5)$$

由于基波信号在系统输出中占主导地位，可以将其他分量忽略。因此，类似于线性系统理论中的频率特性的概念，把非线性环节输出的基波分量的复向量与正弦输入

的复向量之比，定义为该非线性环节的描述函数，记为 $N(A,\mathrm{j}\omega)$，即

$$N(A,\mathrm{j}\omega) = \frac{\dot{x}_1}{e} = \frac{X_1 \mathrm{e}^{\mathrm{j}\varphi_1}}{A \mathrm{e}^{\mathrm{j}0}} = \frac{X_1}{A} \mathrm{e}^{\mathrm{j}\varphi_1} = \frac{B_1}{A} + \mathrm{j}\frac{A_1}{A} \tag{7.6}$$

由傅里叶级数展开公式，式（7.6）中

$$A_1 = \frac{1}{\pi} \int_0^{2\pi} x(t)\cos\omega t \, \mathrm{d}(\omega t) \tag{7.7a}$$

$$B_1 = \frac{1}{\pi} \int_0^{2\pi} x(t)\sin\omega t \, \mathrm{d}(\omega t) \tag{7.7b}$$

$$X_1 = \sqrt{A_1^2 + B_1^2} \tag{7.8a}$$

$$\varphi_1 = \arctan\frac{A_1}{B_1} \tag{7.8b}$$

非线性环节的描述函数总是输入信号幅值 A 的函数，一般也是频率 ω 的函数，因此，描述函数一般记为 $N(A,\mathrm{j}\omega)$。如果非线性环节中没有储能元件，则描述函数仅是输入幅值 A 的函数，与 ω 无关。本章讨论的典型非线性特性都是没有储能元件的，所以，描述函数记为 $N(A)$。若非线性特性是单值的，如饱和、死区等特性，其描述函数 $N(A)$ 是一实变函数。对于多值非线性特性，如继电特性、间隙特性等，其描述函数 $N(A)$ 为复变函数。

非线性环节用描述函数表示后，相当于用一个等效的线性环节 $N(A)$ 来表示。所以，$N(A)$ 也可以看作非线性环节的等效幅相频率特性。不难看出，非线性元件的描述函数或等效幅相频率特性与输入的正弦振荡的振幅 A 有关，这是非线性特性本质的一种反映，即非线性系统的稳定性不仅仅取决于系统的参数、结构，而且与初始条件和输入信号的幅值有关。而线性环节的频率特性与正弦输入的幅值无关。

7.3　典型非线性特性的描述函数

在控制系统中，存在各种各样的本质非线性特性的装置，可以归纳出几种典型非线性特性。因为典型非线性特性的描述函数经常用到，所以，下面以饱和特性为例，介绍典型非线性特性及其描述函数的求取。

1. 饱和特性的描述函数

饱和特性在正弦输入下的输出波形如图 7.7 所示。

显然，$x(t)$ 是单值奇函数，且 $x(t)$ 具有半周期的对称性，所以 $x(t)\cos\omega t$ 也是奇函数，$x(t)\sin\omega t$ 是偶函数，且具有半周期对称性，因此

$$A_1 = 0$$

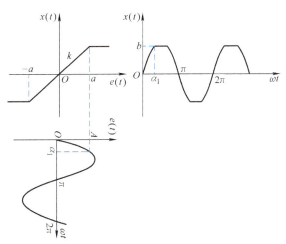

图 7.7　饱和特性在正弦输入下的输出波形

$$B_1 = \frac{4}{\pi} \int_0^{\frac{\pi}{2}} x(t) \sin\omega t \, d(\omega t)$$

在 1/4 周期内，$x(t)$ 的数学表达式为

$$x(t) = \begin{cases} kA\sin\omega t & 0 < \omega t \leqslant \alpha_1 \\ ka = b & \alpha_1 < \omega t < \dfrac{\pi}{2} \end{cases}$$

式中，$\alpha_1 = \sin^{-1}\left(\dfrac{a}{A}\right)$，所以

$$B_1 = \frac{4}{\pi}\left[\int_0^{\alpha_1} kA\sin\omega t \sin\omega t \, d(\omega t) + \int_{\alpha_1}^{\frac{\pi}{2}} ka\sin\omega t \, d(\omega t)\right]$$

$$= \frac{4kA}{\pi}\int_0^{\alpha_1} \sin^2\alpha \, d\alpha + \frac{4ka}{\pi}\int_{\alpha_1}^{\frac{\pi}{2}} \sin\alpha \, d\alpha$$

$$= \frac{4kA}{\pi}\left(\frac{\alpha_1}{2} - \frac{1}{4}\sin2\alpha_1\right) + \frac{4ka}{\pi}\cos\alpha_1$$

$$= \frac{2k}{\pi}A\left[\sin^{-1}\left(\frac{a}{A}\right) + \frac{a}{A}\sqrt{1 - \left(\frac{a}{A}\right)^2}\right]$$

则饱和特性的描述函数为

$$N(A) = \frac{B_1}{A} = \frac{2k}{\pi}\left[\sin^{-1}\left(\frac{a}{A}\right) + \frac{a}{A}\sqrt{1 - \left(\frac{a}{A}\right)^2}\right] \tag{7.9}$$

在分析系统稳定性时，常用描述函数的负倒特性曲线，或者称为负倒描述函数。饱和特性的负倒特性为

$$-\frac{1}{N(A)} = -\frac{1}{\dfrac{2k}{\pi}\left[\sin^{-1}\left(\dfrac{a}{A}\right) + \dfrac{a}{A}\sqrt{1 - \left(\dfrac{a}{A}\right)^2}\right]} \tag{7.10}$$

可见，当 A 为定值时，$-\dfrac{1}{N(A)}$ 为负实数。在复平面内绘出饱和特性的负倒特性曲线如图 7.8 所示，图中箭头表示 A 增大时，负倒特性曲线的变化方向。

类似于上述推导过程，可以得到其他典型非线性特性的描述函数。

2. 死区特性的描述函数

死区特性的描述函数为

$$N(A) = \frac{2k}{\pi}\left[\frac{\pi}{2} - \sin^{-1}\left(\frac{a}{A}\right) - \frac{a}{A}\sqrt{1 - \left(\frac{a}{A}\right)^2}\right] \tag{7.11}$$

死区特性的描述函数的负倒特性曲线如图 7.9 所示。

3. 间隙特性的描述函数

间隙特性的描述函数为

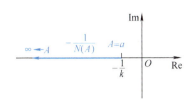

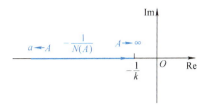

图 7.8　饱和特性的负倒特性　　　　　图 7.9　死区特性的负倒特性

$$N(A) = \frac{B_1}{A} + j\frac{A_1}{A}$$

$$= \frac{k}{\pi}\left[\frac{\pi}{2} + \sin^{-1}\left(1 - \frac{2a}{A}\right) + \left(1 - \frac{2a}{A}\right)\sqrt{1 - \left(1 - \frac{2a}{A}\right)^2}\right] + j\frac{4k}{\pi}\frac{a}{A}\left(\frac{a}{A} - 1\right)$$

$$(7.12)$$

由于在间隙特性中出现了回环，而成为非单值函数。所以其描述函数是一个复函数。间隙特性的负倒特性曲线如图 7.10 所示。

4. 继电器特性的描述函数

继电器特性的描述函数为

$$N(A) = \frac{B_1}{A} + j\frac{A_1}{A}$$

$$= \frac{2b}{\pi A}\left[\sqrt{1 - \left(\frac{a}{A}\right)^2} + \sqrt{1 - \left(\frac{ma}{A}\right)^2}\right] +$$

$$j\frac{2ab(m-1)}{\pi A^2} \quad (7.13)$$

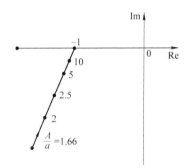

下面进一步讨论继电器特性的几种特殊情况。

（1）理想继电器特性（$a = 0$）

图 7.10　间隙特性的负倒特性曲线

将 $a = 0$ 代入式（7.13）得理想继电器特性的描述函数

$$N(A) = \frac{4b}{\pi A} \quad (7.14)$$

是一个实函数，负倒特性曲线如图 7.11b 所示。

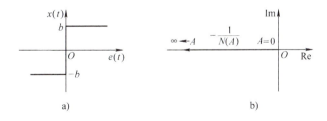

a)　　　　　　　　　　　　b)

图 7.11　理想继电器特性

a) 静特性　b) 负倒特性

（2）具有死区的单值继电器特性（$m = 1$）

将 $m = 1$ 代入式（7.13）得

$$N(A) = \frac{4b}{\pi A}\sqrt{1-\left(\frac{a}{A}\right)^2} \tag{7.15}$$

也是一个实函数，负倒特性曲线如图 7.12b 所示。

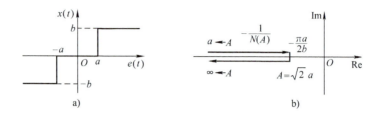

图 7.12　具有死区的单值继电器特性

a）静特性　b）负倒特性

（3）具有滞环的继电器特性（$m = -1$）

将 $m = -1$ 代入式（7.13）得

$$N(A) = \frac{4b}{\pi A}\sqrt{1-\left(\frac{a}{A}\right)^2} - \mathrm{j}\frac{4ab}{\pi A^2} \tag{7.16}$$

是一个复函数，其负倒特性的虚部是一负常数，实部是随 A 变化的负实数。负倒特性曲线如图 7.13b 所示。

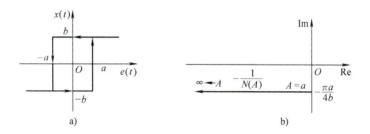

图 7.13　具有滞环的继电器特性

a）静特性　b）负倒特性

带有滞环和死区的继电器特性的负倒特性曲线如图 7.14 所示。

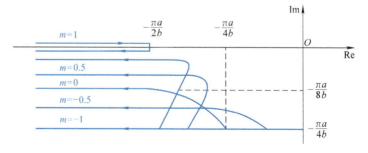

图 7.14　带有滞环和死区的继电器特性的负倒特性曲线

7.4 用描述函数法分析非线性系统的自激振荡

7.4.1 非线性系统的特征方程

非线性系统的稳定性分析包括判别系统是否稳定、是否产生自激振荡以及自激振荡是否稳定并确定自激振荡的振幅和频率。应用描述函数法，对任何阶次的非线性定常系统都可以进行近似分析。

前面已经讨论过，当分析系统自激振荡时，任何只有一个非线性系统元件的系统均可化为如图 7.6 所示的形式。如果系统满足描述函数法的条件，在非线性元件的输出中主要是基波分量。那么，非线性元件可以等效为一个具有描述函数 $N(A,j\omega)$ 或 $N(A)$ 的线性环节，如图 7.15 所示，因此，可以用频率法研究。注意，图 7.15 中不能用传递函数表示，因为这里的分析仅仅是在正弦输入信号下进行的。

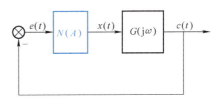

图 7.15 非线性系统

由图 7.15 可得系统的特征方程为

$$1 + N(A)G(j\omega) = 0 \qquad (7.17)$$

于是

$$G(j\omega) = -\frac{1}{N(A)} \qquad (7.18)$$

如果上式满足，系统的输出将出现自激振荡。显然，满足上式相当于在线性系统中 $G(j\omega)$ 穿过临界点 $(-1,j0)$ 的情况，只是这里 $-\dfrac{1}{N(A)}$ 不是一个点，而是临界点的一条随 A 变化的轨迹线。当系统处于某一个状态时，对应的负倒特性曲线上的一点就是临界点。这样，线性系统理论中的奈奎斯特稳定判据，可用于分析非线性系统处于这个状态时的稳定性。事实上，非线性系统的稳定性与系统的状态有关，在某些状态可能是稳定的，而在另一些状态可能是不稳定的。

7.4.2 奈奎斯特图上的稳定性分析

下面只研究线性部分 $G(j\omega)$ 是最小相位系统的情况。对于非最小相位的情况，可以作类似的分析。

为了研究系统的稳定性，首先在奈奎斯特图上画出两条轨迹：一条是频率特性 $G(j\omega)$ 随 ω 变化的曲线。另一条是负倒特性 $-\dfrac{1}{N(A)}$ 随正弦信号幅值 A 变化的曲线，则非线性系统的奈奎斯特稳定判据叙述如下：

设系统的线性部分是最小相位的，则

1）若 $-\dfrac{1}{N(A)}$ 轨迹没有被 $G(j\omega)$ 轨迹包围，即当 ω 由 $0 \to \infty$ 时，$-\dfrac{1}{N(A)}$ 轨迹始终位于 $G(j\omega)$ 轨迹左侧，如图 7.16a 所示，则非线性系统是稳定的。而且，两者相距越

远，系统相对稳定性越好。

2）若 $-\dfrac{1}{N(A)}$ 轨迹被 $G(j\omega)$ 轨迹包围，如图7.16b所示，那么，非线性系统是不稳定的。

3）若 $-\dfrac{1}{N(A)}$ 轨迹与 $G(j\omega)$ 轨迹相交，如图7.16c所示，那么，非线性系统存在稳定的或不稳定的自激振荡。

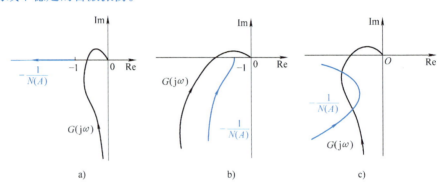

图7.16　非线性系统的奈奎斯特稳定判据
a）稳定　b）不稳定　c）自激振荡

7.4.3　自激振荡稳定性分析及其振幅和频率的确定

1. 自激振荡稳定性定义

上面介绍了分析非线性系统稳定性的方法。当 $-\dfrac{1}{N(A)}$ 轨迹与 $G(j\omega)$ 轨迹相交时，如图7.17所示，非线性系统存在自激振荡。自激振荡可能是稳定的，也可能是不稳定的。

假设系统处于自激振荡状态，即系统的输出是近似的正弦波。如果在干扰作用下，自激振荡的幅值和频率保持不变，则称为稳定的自激振荡。如果在干扰作用下，系统的输出发散或收敛，或者自激振荡的幅值和频率改变，则称为不稳定的自激振荡。

注意，自激振荡的稳定性与系统的稳定性，是完全不同的概念。

2. 自激振荡稳定性判别

自激振荡稳定性可以从振荡幅值增加时，负倒特性轨迹的移动方向判别。当负倒特性轨迹从不稳定区进入稳定区时，交点处的自激振荡是稳定的自激振荡。反之，当负倒特性轨迹从稳定区进入不稳定区时，交点处的自激振荡是不稳定的自激振荡。

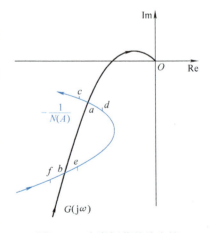

图7.17　自激振荡的稳定性

3. 自激振荡振幅和频率的确定

自激振荡可以用正弦振荡近似表示，其幅值和频率分别为交点处负倒特性轨迹上的 A 值，和 $G(j\omega)$ 轨迹上对应的 ω 值。

例 7.1 如图 7.18 所示控制系统，其非线性元件为理想继电器特性，确定系统自激振荡的振幅和频率。

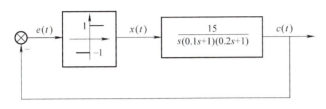

图 7.18 非线性系统

解 由线性部分的传递函数 $G(s)$ 求得频率特性 $G(j\omega)$ 为

$$G(j\omega) = \frac{15}{j\omega(j0.1\omega + 1)(j0.2\omega + 1)}$$

则

$$\lim_{\omega \to 0} |G(j\omega)| = \infty, \quad \lim_{\omega \to 0_+} \angle G(j\omega) = -\frac{\pi}{2}$$

$$\lim_{\omega \to +\infty} |G(j\omega)| = 0, \quad \lim_{\omega \to +\infty} \angle G(j\omega) = -\frac{3}{2}\pi$$

求奈奎斯特曲线与实轴的交点

$$\mathrm{Re}G(j\omega) = \frac{-0.3 \times 15}{1 + 0.05\omega^2 + 0.0004\omega^4}$$

$$\mathrm{Im}G(j\omega) = \frac{15(0.02\omega^2 - 1)}{\omega(1 + 0.05\omega^2 + 0.0004\omega^4)}$$

令

$$\mathrm{Im}G(j\omega) = 0$$

得

$$0.02\omega^2 - 1 = 0$$

解得奈奎斯特曲线与实轴交点处的频率

$$\omega = \sqrt{50}$$

奈奎斯特曲线与实轴交点坐标

$$\mathrm{Re}G(j\sqrt{50}) = -1$$

根据上面的分析，可以画出系统的奈奎斯特曲线，如图 7.19 所示。

理想继电特性的负倒特性为

$$-\frac{1}{N(A)} = -\frac{\pi}{4}A$$

负倒特性曲线为整个负实轴，如图 7.19 所示，与奈奎斯特曲线存在交点，系统存在自激振荡。由于负倒特性是从不稳定区进入稳定区，所以，交

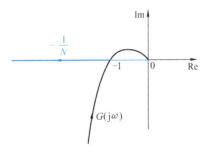

图 7.19 例 7.1 的奈奎斯特曲线与负倒特性曲线

点处的自激振荡是稳定的自激振荡。

因为交点处的 $G(j\omega)$ 的频率就是自激振荡的频率，所以，自激振荡的频率为 $\omega = \sqrt{50}$。因为 $G(j\omega)$ 和 $-\dfrac{1}{N(A)}$ 交点处幅值相等，即

$$-\frac{\pi}{4}A = -1$$

所以，自激振荡的幅值为 $A = \dfrac{4}{\pi} = 1.27$。

描述函数法的优点是简单，而且适用于高阶非线性系统，包括不连续、非单值等非解析情况。从本质上来说，描述函数方法是一种频域方法，将线性系统的频率法推广到非线性系统，这一方法已成为工程中较普及的实用方法。

但是，描述函数法是一种近似方法，虽然对一般控制系统常常得到合理的结果，但严格地说，得到的结果既非必要也非充分，而且会丧失一些非线性信息。因此，不可能从谐波线性化方程中获得非线性系统的某些更复杂的现象与性质。

7.5　MATLAB 在非线性系统分析中的应用

用 Simulink 很方便表示非线性系统。为了方便，非线性环节含有的放大系数全折算到线性环节。非线性环节用1代替后得到的系统称为原系统对应的线性系统。

例如，饱和非线性的 Simulink 框图如图 7.20 所示。其中，线性环节的传递函数为

$$G(s) = \frac{k}{s^3 + 3s^2 + 2s}$$

可以取不同的 k 值进行仿真。

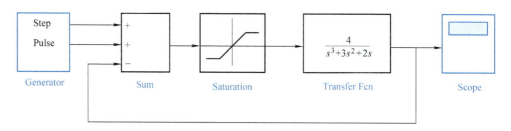

图 7.20　饱和非线性仿真框图

7.6　本章小结

控制系统中存在各种非线性特性，许多可以归结为饱和特性、死区特性、间隙特性、继电器特性等典型非线性特性。

描述函数法的基本思想是用非线性元件的输出信号中的基波分量，代替非线性元件在正弦输入作用下的实际输出。这种方法又称为一次谐波法，或称为谐波平衡法、谐波线性化方法等。

描述函数法的应用条件是：非线性特性是斜对称的，这样输出中的常值分量为零；线性部分具有较好的低通滤波特性，以衰减高次谐波；非线性特性不是时间函数，因

为描述函数法本质上是频率法的推广，而频率法对时变系统不适用；系统中的非线性特性能简化为一个非线性环节。

非线性环节输出的基波分量的复向量与正弦输入的复向量之比，称为该非线性环节的描述函数。

典型非线性特性的描述函数的求取以及负倒特性。

用描述函数法分析自激振荡的稳定性以及确定自激振荡的振幅和频率的方法。

运用 Simulink 仿真非线性控制系统。

 习　题

7.1　非线性系统线性部分的极坐标图、非线性部分的负倒特性如题 7.1 图所示。试判断系统是否稳定，是否存在自激振荡。

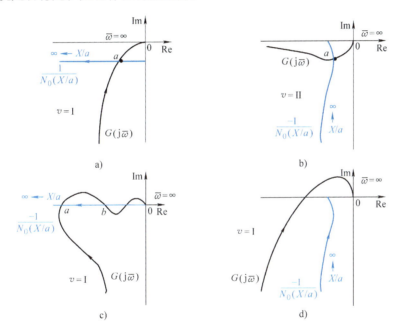

题 7.1 图

7.2　如题 7.2 图所示非线性系统，分析系统稳定性和自激振荡的稳定性，并确定稳定自激振荡的振幅和频率。

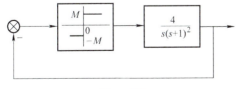

题 7.2 图

7.3　如题 7.3 图所示双位继电器非线性系统，其中，$a=1$，$M=3$，分析自激振荡的稳定性，并确定稳定自激振荡的振幅和频率。

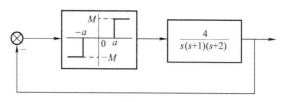

题 7.3 图

7.4 如题 7.4 图所示非线性系统，试用描述函数法分析系统自激振荡的稳定性，并确定自激振荡的振幅和频率。

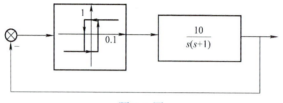

题 7.4 图

7.5 如题 7.5 图所示非线性系统，已知非线性环节的描述函数为 $N(A) = \dfrac{3}{4}A^2$，分析系统自激振荡的稳定性；若自激振荡稳定，确定自激振荡的振幅和频率。

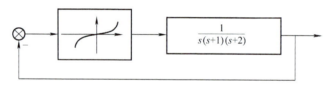

题 7.5 图

7.6 雕刻机控制系统中用了两个驱动电动机和相应的导轨在 x 和 y 方向上为雕刻针定位。x 轴位置控制系统如题 7.6 图所示。

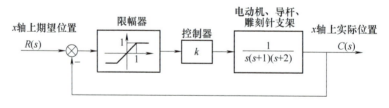

题 7.6 图

（1）确定 k 为何值时，系统临界稳定；

（2）求 $k = 12$ 时自激振荡的振幅和频率。

读一读

国际自动控制联合会（IFAC）

国际自动控制联合会（International Federation of Automatic Control, IFAC）于 1957 年 9 月 12 日在法国巴黎成立。中国派出钟士模、杨嘉墀参加了此次会议，中国自动化学会成为 IFAC 的创始会员之一。美国 H. Chestnut 担任第一届 IFAC 主席。中国钱学森当选为第一届执行委员会委员。浙江大学吕勇哉（1937—）教授于 1987 年当选为 IFAC 常任理事，1990 年当选为 IFAC 副主席兼执行局主席，1993 年当选为 IFAC 第一副主席，1996 年当选为 IFAC 主席，并成功地领导举办了 IFAC1999 年（北京）世界大会。

IFAC 目前共有 45 个国家级会员。中国自动化学会、美国自动控制议会（AACC）和英国自动控制议会（UKACC）等均是会员。1960 年 6 月，中国自动化学会筹备委员会派钟士模、杨嘉墀、屠善澄、郎世俊和王传善，出席在莫斯科举行的第一届国际自动控制（IFAC）学术报告大会，我国有六篇论文在会上作了报告。

IFAC 像联合国一样，是一个以国家组织为其成员的国际性学术组织，会员是各国与自动控制有关的学术组织，其宗旨在于促进自动控制领域内科学和技术的发展，加强各国学术团体或其他国际性组织的合作。该组织负责定期组织举办控制方面的国际会议，促进控制领域的学者和工程师更好地进行学术交流。

中国自动化学会（CAA）

中国自动化学会（Chinese Association of Automation, CAA），是中国最早成立的国家一级学术团体之一，是由全国从事自动化及相关技术的科研、教学、开发、生产和应用的个人和单位自愿结成的、依法登记成立的、具有学术性、公益性、科普性的全国性法人社会团体，是中国科学技术协会的组成部分，是发展中国自动化科技事业的重要社会力量。

为适应 1956 年中国科学技术十二年发展远景纲要，在周恩来总理的关怀下，在中国自动化事业的老前辈钱学森、沈尚贤、钟士模、陆元九、郎世俊等同志的倡议下，于 1957 年 5 月产生了由钱学森等 29 人组成的中国自动化学会筹备委员会。

1961 年 11 月 27 日，在天津召开中国自动化学会第一次全国代表大会，正式宣告中国自动化学会成立。选举钱学森院士为理事长。学会挂靠中国科学院自动化研究所。钱学森历任中国自动化学会第一、二届理事长。

附 录

复变函数基础

复变函数是分析、设计控制系统的数学基础。本附录从满足自动控制原理需要出发，从工程应用角度简要介绍复变函数的基本知识，包括复数及其运算、复变函数的概念、极限、导数等。对于没有"复变函数"前导课程的专业，教师可以作为补充内容在第 2 章中介绍。对于已经学习过"复变函数"课程的学生，可以作为学生在学习第 2 章前的复习内容。

1. 复数的概念

在初等代数中引进了记号 i 表示代数方程 $s^2 + 1 = 0$ 的一个根，含义为 $i^2 = -1$。由于在电工学、自动控制中，i 通常表示电流，所以电工学、自动控制中一般用 j 表示虚数 i。

对 XY 平面上的一个点 $A = (x, y)$，其中 x，y 为实数，称 $x + jy$ 为点 A 对应的复数，可以记为 s。称 x 为复数 $s = x + jy$ 的实部，记为 $\mathrm{Re}\,[s]$。称 y 为复数 $s = x + jy$ 的虚部，记为 $\mathrm{Im}\,[s]$。

复数 $s = x + jy$ 可以用平面直角坐标系中的点 (x, y) 一一对应，如附图 1 所示，因此也称为复平面，记为 S。在复平面上，复数 $s = x + jy$ 可以表示为一个向量，S 平面的原点是向量的起点，$A = (x, y)$ 是该向量的终点。

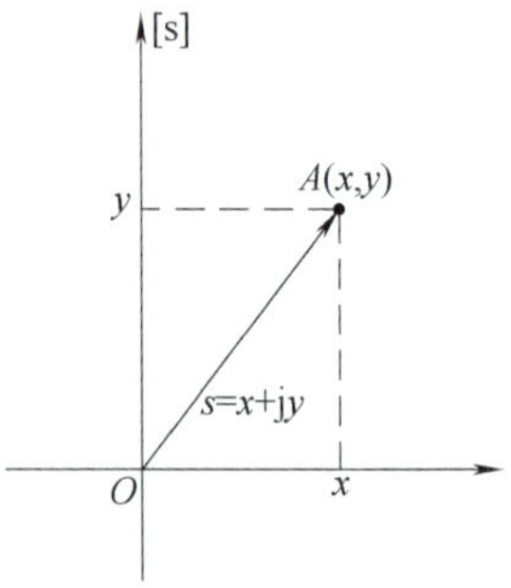

定义复数 $x + jy$ 的模（绝对值）$|s|$ 为向量 (x, y) 的长度，即

$$|s| = \sqrt{x^2 + y^2}$$

2. 复数的运算

记 $s_1 = x_1 + jy_1$，$s_2 = x_2 + jy_2$，则有复数的代数运算规则。

（1）s_1 与 s_2 相等：$s_1 = s_2$，$x_1 = x_2$，$y_1 = y_2$
（2）s_1 与 s_2 相加：$s_1 + s_2 = (x_1 + x_2) + j(y_1 + y_2)$
（3）s_1 与 s_2 相乘：$s_1 s_2 = (x_1 + jy_1)(x_2 + jy_2) = (x_1 x_2 - y_1 y_2) + j(x_1 y_2 + x_2 y_1)$

例 1 已知 $s_1 = 3 + j4$，$s_2 = 1 - j2$，求 $s_1 + s_2$，$s_1 s_2$。

解 $s_1 + s_2 = (3 + 1) + j(4 - 2) = 4 + j2$
$s_1 s_2 = [3 \times 1 - 4 \times (-2)] + j[3 \times (-2) + 1 \times 4] = 11 - j2$

与点 $s = x + jy$ 关于实轴对称的点 $\bar{s} = x - jy$ 互为共轭复数。

对于共轭复数，有下列等式成立。

附图 1

1）$\overline{s_1 \pm s_2} = \overline{s_1} \pm \overline{s_2}$

2）$\overline{s_1 s_2} = \overline{s_1}\,\overline{s_2}$

3）$\overline{\left(\dfrac{s_1}{s_2}\right)} = \dfrac{\overline{s_1}}{\overline{s_2}}$ 　　（$s_2 \neq 0$）

4）$|\overline{s}| = |s|$

5）$s\overline{s} = |s|^2$

6）$s + \overline{s} = 2\mathrm{Re}\,s$

7）$s - \overline{s} = \mathrm{j}2\mathrm{Im}\,s$

8）s_1 与 s_2 相除（复分式分母实数化）

$$\frac{s_1}{s_2} = \frac{s_1 \overline{s_2}}{s_2 \overline{s_2}} = \frac{(x_1 + \mathrm{j}y_1)(x_2 - \mathrm{j}y_2)}{(x_2 + \mathrm{j}y_2)(x_2 - \mathrm{j}y_2)} = \frac{(x_1 x_2 + y_1 y_2) + \mathrm{j}(x_2 y_1 - x_1 y_2)}{x_2^2 + y_2^2}$$

例如，在例 1 中

$$\frac{s_1}{s_2} = \frac{3 + \mathrm{j}4}{1 - \mathrm{j}2} = \frac{(3 + \mathrm{j}4)(1 + \mathrm{j}2)}{(1 - \mathrm{j}2)(1 + \mathrm{j}2)} = \frac{(3 - 8) + \mathrm{j}(4 + 6)}{1 + 2^2} = \frac{-5 + \mathrm{j}10}{5} = -1 + \mathrm{j}2$$

3. 复数的三角表示

对非零复数 $s = x + \mathrm{j}y$，利用极坐标公式 $x = r\cos\theta$，$y = r\sin\theta$，则有

$$s = r\cos\theta + \mathrm{j}r\sin\theta = r(\cos\theta + \mathrm{j}\sin\theta)$$

由欧拉公式

$$\mathrm{e}^{\mathrm{j}\theta} = \cos\theta + \mathrm{j}\sin\theta$$

得复数的三角形式

$$s = r(\cos\theta + \mathrm{j}\sin\theta) = r\mathrm{e}^{\mathrm{j}\theta}$$

式中，r 为 s 的幅值，θ 为 s 的幅角，有关系式

$$r = \sqrt{x^2 + y^2}$$

$$\theta = \tan^{-1}\frac{y}{x} + 2k\pi \qquad k = 0, \pm 1, \pm 2, \cdots$$

例 2　把 $s = 1 - \mathrm{j}\sqrt{3}$ 表示成三角形式。

解　$r = \sqrt{1 + (-\sqrt{3})^2} = 2$

$$\theta = \tan^{-1}\frac{-\sqrt{3}}{1} = -\frac{\pi}{3}$$

$$s = 1 - \mathrm{j}\sqrt{3} = 2\mathrm{e}^{-\frac{\pi}{3}\mathrm{j}}$$

根据复数的三角形式，有下列运算公式：

若 $s_1 = r_1 \mathrm{e}^{\mathrm{j}\theta_1}$，$s_2 = r_2 \mathrm{e}^{\mathrm{j}\theta_2}$，则

$$s_1 s_2 = r_1 \mathrm{e}^{\mathrm{j}\theta_1} r_2 \mathrm{e}^{\mathrm{j}\theta_2} = r_1 r_2 \mathrm{e}^{\mathrm{j}(\theta_1 + \theta_2)}$$

可见，两个复数的乘积的幅值等于两个复数的幅值之积，两个复数的乘积的幅角等于两个复数的幅角之和。

4. 复变函数的概念

所谓复变函数就是自变量为复数的函数。

设函数的自变量记为 $s = x + jy$ ，则复变函数 $F(s) = u + jv$ 可以等价地表示为两个实变函数

$$u = u(x, y)$$
$$v = v(x, y)$$

对于复变函数，由于反映了两对变量 (u, v) 和 (x, y) 之间的关系，所以，无法在同一平面内表示复变函数 $F(s)$ 几何图形，必须看成是两个复平面上的点集之间的对应关系。

如果用 S 平面上的点表示自变量 s 的值，而用另一平面 W 上的点表示函数 $F(s)$ 的值，那么函数 $w = F(s)$ 的几何意义就是把 S 平面上的一个点集 G 变换到 W 平面上的点集 G^* 的映射（或变换），如附图 2 所示。

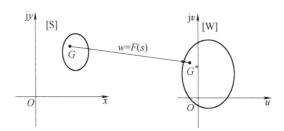

附图 2 映射的概念

与实变函数一样，复变函数也有反函数的定义。设 $w = F(s)$ 的定义集合为 S 平面上的集合 G ，函数值集合为 W 平面上的集合 G^* ，那么，G^* 中的每个点 w 必将对应着 G 中的一个（或几个）点，于是在 G^* 上就确定了一个单值（或多值）函数 $s = \psi(w)$ ，称为函数 $w = F(s)$ 的反函数。

如果函数 $w = F(s)$ 与反函数都是单值的，那么称函数 $w = F(s)$ 是一一对应的。

5. 复变函数的极限

设函数 $w = F(s)$ 定义在 s_0 的去心领域 $\{s \mid 0 < |s - s_0| < \rho\}$ 内，如果有一个确定的数 A 存在，对于任意给定的 $\varepsilon > 0$ ，相应地必有一正数 $\delta (0 < \delta \leqslant \rho)$ ，使得当 $0 < |s - s_0| < \delta$ 时，有 $|F(s) - A| < \varepsilon$ ，那么称 A 为 $F(s)$ 当 $s \to s_0$ 时的极限，记为

$$\lim_{s \to s_0} F(s) = A$$

或者记为

$$当 s \to s_0 时，F(s) \to A$$

定理 设 $F(s) = u(x, y) + jv(x, y)$ ，$A = u_0 + jv_0$ ，$s_0 = x_0 + jy_0$ ，那么 $\lim\limits_{s \to s_0} F(s) = A$ 的充分必要条件是

$$\lim_{\substack{x \to x_0 \\ y \to y_0}} u(x, y) = u_0$$

$$\lim_{\substack{x \to x_0 \\ y \to y_0}} v(x, y) = v_0$$

这个定理将求一个复变函数的极限转化为求两个二元实变函数的极限问题。

设所有函数的极限都存在，则根据上述定理不难证明下述极限的四则运算法则。

(1) $\lim\limits_{s \to s_0}[F_1(s) \pm F_2(s)] = \lim\limits_{s \to s_0}F_1(s) \pm \lim\limits_{s \to s_0}F_2(s)$

(2) $\lim\limits_{s \to s_0}[F_1(s)F_2(s)] = \lim\limits_{s \to s_0}F_1(s)\lim\limits_{s \to s_0}F_2(s)$

(3) $\lim\limits_{s \to s_0}\dfrac{F_1(s)}{F_2(s)} = \dfrac{\lim\limits_{s \to s_0}F_1(s)}{\lim\limits_{s \to s_0}F_2(s)} \qquad \lim\limits_{s \to s_0}F_2(s) \neq 0$

例 3 已知 $F(s) = \dfrac{10(s+1)(s^2+s+1)}{s(s+1)(s^2+s+1)+0.5}$，求 $\lim\limits_{s \to 0}F(s)$。

解

$$\lim\limits_{s \to 0}F(s) = \lim\limits_{s \to 0}\frac{10(s+1)(s^2+s+1)}{s(s+1)(s^2+s+1)+0.5}$$

$$= \frac{\lim\limits_{s \to 0}10(s+1)(s^2+s+1)}{\lim\limits_{s \to 0}[s(s+1)(s^2+s+1)+0.5]} = \frac{\lim\limits_{s \to 0}10(s+1)(s^2+s+1)}{\lim\limits_{s \to 0}s(s+1)(s^2+s+1)+\lim\limits_{s \to 0}0.5} = \frac{10}{0.5} = 20$$

6. 复变函数的导数

复变函数的导数定义形式和一元实变函数中导数的定义完全相同，而且复变函数中的极限运算法则也和实变函数中一致。因此，高等数学中几乎所有的求导公式都可以不加更改地推广到复变函数中来。

复变函数的基本求导公式。

(1) $(c)' = 0$ c 为复常数

(2) $[cF(s)]' = cF'(s)$ c 为复常数

(3) $(s^n)' = ns^{n-1}$ n 为正整数

(4) $[F_1(s) \pm F_2(s)]' = F_1'(s) \pm F_2'(s)$

(5) $\left[\dfrac{F_1(s)}{F_2(s)}\right]' = \dfrac{F_1'(s)F_2(s) - F_1(s)F_2'(s)}{F_2^2(s)}$ $F_2(s) \neq 0$

(6) $[F_1(F_2(s))]' = F_1'(w)F_2'(s)$ $w = F_2(s)$

例 4 已知复多项式为

$$D(s) = a_n s^n + a_{n-1}s^{n-1} + \cdots + a_1 s + a_0$$

对 s 求导。

解
$$\frac{\mathrm{d}}{\mathrm{d}s}D(s) = \frac{\mathrm{d}}{\mathrm{d}s}(a_n s^n + a_{n-1}s^{n-1} + \cdots + a_1 s + a_0)$$

$$= \frac{\mathrm{d}}{\mathrm{d}s}(a_n s^n) + \frac{\mathrm{d}}{\mathrm{d}s}(a_{n-1}s^{n-1}) + \cdots + \frac{\mathrm{d}}{\mathrm{d}s}(a_1 s) + \frac{\mathrm{d}}{\mathrm{d}s}(a_0)$$

$$= a_n n s^{n-1} + a_{n-1}(n-1)s^{n-2} + \cdots + a_1$$

习题参考答案

第1章习题答案

1.2 （1）a 与 d 接，b 与 c 接。

（2）系统方框图如下：

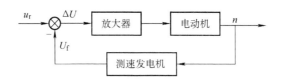

电动机速度控制示意图

1.3 当液面下降时，浮子会带动电位器触头向上，使电动机电枢两端出现正电压，使电动机正向运转，通过减速器来增加控制阀的开度，增加进水量，从而使液面上升。同理，当液面上升时，浮子会带动电位器触头向下，使电动机电枢两端出现负电压，使电动机反向运转，通过减速器来减小控制阀的开度，减少进水量，从而使液面下降。因此，尽管用水量发生变化，总能够保持液位不变。液位自动控制方框图如下：

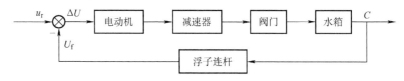

液位自动控制框图

1.4

电冰箱制冷系统框图

第2章习题答案

2.1 （1）$X(s) = \dfrac{2}{s} + \dfrac{3}{s^2} + \dfrac{8}{s^3}$；（2）$X(s) = \dfrac{10 - 2s}{s^2 + 4}$；（3）$X(s) = \dfrac{1}{s(Ts + 1)}$；

（4）$X(s) = \dfrac{s + 0.4}{(s + 0.4)^2 + 12^2}$

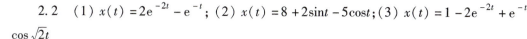

2.2 （1）$x(t) = 2e^{-2t} - e^{-t}$；（2）$x(t) = 8 + 2\sin t - 5\cos t$；（3）$x(t) = 1 - 2e^{-2t} + e^{-t}$
$\cos\sqrt{2}t$

2.3 $y(t) = e^{-t}\sin t$

2.4 $LC\dfrac{d^2u_o}{dt^2} + RC\dfrac{du_o}{dt} + u_o = u_i$

2.5 $LC\dfrac{d^2u_o(t)}{dt^2} + \dfrac{L}{R}\dfrac{du_o(t)}{dt} + u_o(t) = u_i(t)$

2.6 $\dfrac{u_o(s)}{u_i(s)} = -\dfrac{1}{R_1CS}$

2.7 $\dfrac{C(s)}{R(s)} = \dfrac{G_1(s)G_2(s)}{1 + G_1(s)G_2(s)H_1(s)H_2(s) - G_1(s)H_1(s)}$

2.8 $\dfrac{C(s)}{R(s)} = \dfrac{G_1(s)G_2(s)}{1 + G_1(s)G_2(s)H_1(s)H_2(s) + G_2(s)H_2(s)}$

2.9 $\dfrac{C(s)}{R(s)} = \dfrac{G_2(s)[1 + G_1(s)]}{1 + G_2(s)}$

2.10 $\dfrac{C(s)}{R(s)} = \dfrac{G_3(s)[G_1(s) + G_2(s)][1 - G_4(s)]}{1 + G_3(s)G_4(s) - G_4(s)}$

2.11 $\dfrac{C(s)}{R(s)} = \dfrac{G_1(s)G_4(s) + G_1(s)G_2(s)G_3(s)}{1 + G_1(s)G_2(s)H_1 + G_4(s)H_2 + G_2(s)G_3(s)H_2 + G_1(s)G_4(s) + G_1(s)G_2(s)G_3(s)}$

2.12 $\dfrac{C(s)}{R(s)} = \dfrac{G_1(s)[G_2(s) + G_3(s)]}{1 + G_1(s)G_2(s)G_4(s)}$

2.13 $\dfrac{C(s)}{R(s)} = \dfrac{G_1(s)G_2(s)}{1 + G_1(s) + G_2(s) + G_1(s)G_2(s)H_1}$

2.14 $\dfrac{C(s)}{R(s)} = \dfrac{K_1K_2K_3}{Ts^2 + s + K_1K_2K_3}$

$\dfrac{C(s)}{N(s)} = \dfrac{-K_3K_4s}{Ts^2 + s + K_1K_2K_3}$

2.15 $\dfrac{C(s)}{R(s)} = \dfrac{K_AK_2K_3}{(1 + K_A + K_2K_3a)s^2 + K_AK_2K_3bs + K_1K_AK_2K_3}$

2.16 $\dfrac{C(s)}{R(s)} = \dfrac{KG_1(s)G_2(s)}{s + KG_1(s)G_2(s) + sG_1(s)G_2(s)H_1(s) + sG_1(s)G_2(s)H_2(s) + sG_1(s)H_3(s)}$

2.17 $\dfrac{F_1(s)}{R(s)} = \dfrac{G_0(s)G_1(s)}{1 + G_0(s)G_1(s)H_1(s) + G_0(s)G_2(s)H_2(s)}$

$\dfrac{F_2(s)}{R(s)} = \dfrac{G_0(s)G_2(s)}{1 + G_0(s)G_1(s)H_1(s) + G_0(s)G_2(s)H_2(s)}$

第3章习题答案

3.1 （1）系统不稳定，有两个特征根在右半 S 平面；

（2）有四个根在虚轴上，临界稳定；

（3）有两个根在虚轴上，系统临界稳定；

（4）有两个根在虚轴上，有一个根在右半平面，不稳定。

3.2　第一列数的符号变化两次，所以有两特征根在右半 S 平面。

3.3　$0 < K_v < 36$ 时系统稳定。

3.4　$0 < K < 12$ 时稳定。

3.5　当 $K_n > 0.1$ 时系统稳定，当 $K_n = 0.1$ 时，临界稳定。

3.6　（1）$\varPhi(s) = \dfrac{600}{(s+60)(s+10)}$；

　　　（2）$\zeta = 1.43$，$\omega_n = 24.5$。

3.7　$\dfrac{C(s)}{R(s)} = \dfrac{1}{s+1}$，$t_s = \begin{cases} 3\mathrm{s} & \Delta = 5 \\ 4\mathrm{s} & \Delta = 2 \end{cases}$。

3.8　$t_r = 2.42\mathrm{s}$，$t_p = 3.625\mathrm{s}$，$\sigma_p\% = 16.3\%$，$t_s = \begin{cases} 6\mathrm{s} & \Delta = 5 \\ 8\mathrm{s} & \Delta = 2 \end{cases}$。

3.9　$K = 60.686$，$A = 0.135$，$t_r = 0.35\mathrm{s}$，$t_s = 0.65\mathrm{s}(\Delta = 5)$，$t_s = 0.87\mathrm{s}(\Delta = 2)$。

3.10　$K = 2$，$\alpha = 1$，$\sigma_p\% = 4.3\%$。

3.11　（1）$\zeta = 0.4$，$\omega_n = 11.4$；

　　　（2）

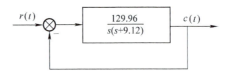

　　　（3）$G(s) = \dfrac{129.96}{s(s+9.12)}$，$\varPhi(s) = \dfrac{129.96}{s^2 + 9.12s + 129.96}$。

3.12　（1）$K_p = \infty$，$K_v = 10$，$K_a = 0$；

　　　（2）$e_{ss}(\infty) = \infty$。

3.13　（1）$e_{ss} = 0.02$；

　　　（2）$e_{ss} = \infty$。

3.14　$k = 90$

3.15　（1）$e_{ss} = 0$；

　　　（2）$e_{ss} = \dfrac{-T_1}{K_p}$；

　　　（3）$e_{ss} = \dfrac{-T_1}{K_p}$

3.16　$0 < K < 9$

3.17　$0 < k < 20138$

3.18　（1）$t_r = 2.2T = 33.741\mathrm{s}$

　　　（2）$e_{ss}(\infty) = 2.556℃$

3.19　$a \geqslant 16$，$K \geqslant 160$

3.20　$10 \leqslant K < 15$

3.21 $e_{\text{ssn}}(\infty) = -\dfrac{1}{1 + K_1}$

第 4 章习题答案

4.1 （1）$c_{\text{ss}} = \dfrac{1}{2\sqrt{2}}\sin(2t - 45°)$，$e_{\text{ss}} = \dfrac{\sqrt{10}}{4}\sin\left(2t + \arctan\dfrac{1}{3}\right)$

（2）$c_{\text{ss}} = \dfrac{1}{\sqrt{5}}\sin\left(t - 30° - \arctan\dfrac{1}{2}\right) + \dfrac{\sqrt{2}}{2}\sin 2t$，

$e_{\text{ss}} = \sqrt{\dfrac{2}{5}}\sin(t + 48.4°) + \sqrt{\dfrac{5}{8}}\sin(2t + 63.4°)$

4.2 $G(s) = \dfrac{31.62\left(\dfrac{s}{0.1} + 1\right)}{\left(\dfrac{s}{0.316} + 1\right)\left(\dfrac{s}{4.217} + 1\right)\left(\dfrac{s}{42.17} + 1\right)\left(\dfrac{s}{100} + 1\right)}$

4.3 $G(s) = \dfrac{5(s + 0.1)}{s(s + 0.01)(s + 5)}$

4.4 $G(s) = \dfrac{200(s + 8)}{s^2(s + 1)(s + 16)}$

4.5 $G(s) = \dfrac{25}{s(s + 2)}$

4.6 $Z = 0$，系统稳定。

4.7 $K = 20$ 时，为临界稳定，K 满足 $0 < K < 20$ 时系统稳定，$K > 20$ 时，不稳定。

4.8 当 $K > 1$ 时，系统稳定；$K = 1$ 时，系统临界稳定；$K < 1$ 时系统不稳定。

4.9 $a = \dfrac{1}{\sqrt[4]{2}} = 0.84$

4.10 （1）$K_{\text{p}} < 6$；（2）转折频率：$\omega = 2$，$\omega = 1$

4.11 （1）两个转折频率：$\omega = 3$

（2）$\omega_{\text{c}} = 1.575$；$\gamma = 59.22°$

第 5 章习题答案

5.1 $K_{\text{P}} = 0.025$

5.2 $K_{\text{P}} = 5$，$T_{\text{I}} = 1$

5.3 取 $h = 5$，则 $K_{\text{P}} = 0.0375$，$T_{\text{I}} = 10$

5.4 取 $h = 5$，则 $K_{\text{P}} = 0.4$，$T_{\text{I}} = 0.5$，$T_{\text{D}} = 0.12$

5.5 取 $h = 5$，则 $K_{\text{P}} = 0.45$，$T_{\text{I}} = 1.5$，$T_{\text{D}} = 0.33$

5.6 $G_{\text{c}}(s) = \dfrac{1}{2K\tau s}$

5.7 $G_{\text{c}}(s) = 1 + \dfrac{1}{s}$

5.8　$G_c(s) = 13\left(1 + \dfrac{1}{\dfrac{13}{6}s} + \dfrac{5}{13}s\right)$

第6章习题答案

6.1　(1) $f^*(t) = \displaystyle\sum_{k=0}^{\infty} kT\mathrm{e}^{-kaT}\delta(t - kT)$，$F^*(s) = \displaystyle\sum_{k=0}^{\infty} kT\mathrm{e}^{-akT}\mathrm{e}^{-kTs}$

　　　(2) $f^*(t) = \displaystyle\sum_{k=0}^{\infty} \mathrm{e}^{-akT}\sin(\omega kT)\delta(t - kT)$，$F^*(s) = \displaystyle\sum_{k=0}^{\infty} \mathrm{e}^{-akT}\sin(\omega kT)\mathrm{e}^{-kTs}$

6.2　(1) $F(z) = \dfrac{z}{z - \lambda}$；(2) $F(z) = \dfrac{\lambda z}{z - \lambda}$。

6.3　$F(z) = 1 + z^{-1} + z^{-2} + z^{-3} + z^{-4}$

6.4　(1) $f(kT) = 10(2^k - 1)$

　　　(2) $f(kT) = 1 - \mathrm{e}^{-akT}$

　　　(3) $f(kT) = \dfrac{1}{0.7}(0.8^{k+1} - 0.1^{k+1})$

6.5　(1) $G(z) = K(1 - z^{-1})\left(\dfrac{1}{1 - z^{-1}} - \dfrac{1}{1 - \mathrm{e}^{-T}z^{-1}}\right) = \dfrac{K(1 - \mathrm{e}^{-T})z^{-1}}{1 - \mathrm{e}^{-T}z^{-1}}$

　　　(2) $\Phi(z) = \dfrac{C(z)}{R(z)} = \dfrac{G(z)}{1 + G(z)} = \dfrac{K(1 - \mathrm{e}^{-T})z^{-1}}{1 + (K - \mathrm{e}^{-T} - K\mathrm{e}^{-T})z^{-1}}$

　　　(3) $c(k) + (K - \mathrm{e}^{-T} - K\mathrm{e}^{-T})c(k-1) = K(1 - \mathrm{e}^{-T})r(k-1)$

6.6　系统临界稳定。

6.7　(1) $K = 5$ 时，系统不稳定；

　　　(2) $0 < K < 3.3$。

6.8　$e(\infty) = 0.1$

6.9　$K_p = \infty$，$K_v = 0.1$，$K_a = 0$，$e(\infty) = e_{ss} = \dfrac{T}{K_v} = 1$

6.10　(1) $\Phi(z) = \dfrac{1.2899z^{-1}}{1 - 0.8839z^{-1}}$；(2) $|z| = 0.8839 < 1$，系统稳定；

　　　(3) $c(k) = \dfrac{100}{9} - \dfrac{100}{9} \times 0.8839^k$

6.11　(1) $\Phi(z) = \dfrac{0.28(z^2 + 2.05z + 0.232)}{z^3 + 0.095z^2 - 0.36z + 0.193}$；

　　　(2) 系统稳定；

　　　(3) $c(t) = 0.28\delta(t - T) + 0.827\delta(t - 2T) + 0.943\delta(t - 3T) + 1.08\delta(t - 4T) + 1.004\delta(t - 5T) + 1.04\delta(t - 6T) + 0.98\delta(t - 7T) + \cdots$

　　　(4) 0，0.01235，∞。

第7章习题答案

7.1　a) 存在稳定的自激振荡；b) 存在稳定的自激振荡；c) a 点是稳定的自振点，

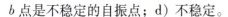

b 点是不稳定的自振点；d）不稳定。

7.2　存在稳定的自激振荡，自激振荡的频率 $\omega=1$ ，幅值 $A=\dfrac{8M}{\pi}$。

7.3　自激振荡的频率 $\omega=\sqrt{2}$，$A_1=5.26$ 稳定，$A_2=1.23$ 不稳定。

7.4　稳定自激振荡的振幅 $A=0.5$ 和频率 $\omega=4.97$。

7.5　自激振荡不稳定。

7.6　（1）$k=6$ 时，系统临界稳定；（2）自激振荡的振幅为 $A=2.5$，振频为 $\omega=\sqrt{2}$。

参 考 文 献

［1］王万良. 自动控制原理［M］. 3 版. 北京：高等教育出版社，2020.

［2］王万良. 自动控制原理［M］. 北京：科学出版社，2001.

［3］黄坚. 自动控制原理及其应用［M］. 2 版. 北京：高等教育出版社，2009.

［4］胡寿松. 自动控制原理［M］. 5 版. 北京：科学出版社，2007.

［5］梅晓榕. 自动控制原理［M］. 4 版. 北京：科学出版社，2002.

［6］蔡尚峰. 自动控制理论［M］. 北京：机械工业出版社，1980.

［7］陈伯时. 自动控制系统［M］. 北京：机械工业出版社，1981.

［8］李友善. 自动控制原理［M］. 北京：国防工业出版社，1981.

［9］孙虎章. 自动控制原理［M］. 北京：中央广播电视大学出版社，1984.

［10］翁勃豪恩. 自动控制工程［M］. 吴启迪，黄圣乐，译. 上海：同济大学出版社，1990.

［11］KUO B C. Automatic Control Systems［M］. 6th ed. Englewood Cliffs：Prentice-Hall，Inc.，1991.

［12］OGATA K. Modern Control Engineering［M］. 2nd ed. Englewood Cliffs：Prentice-Hall，Inc.，1990.

［13］DORF R C，BISHOP R H. 现代控制系统［M］. 10 版. 赵千川，冯梅，译. 北京：清华大学出版社，2008.

［14］王万良. 物联网控制技术［M］. 2 版. 北京：高等教育出版社，2020.